U0263066

代表性单元流域尺度水文模拟方法研究

许 钦 关铁生 马 涛 等 著

本书由

国家重点研发计划（2018YFC0407704）
国家自然科学基金（51579148，51779146，51879163）
水利部交通运输部国家能源局南京水利科学研究院专著出版基金

联合资助

科 学 出 版 社

北 京

内 容 简 介

全球变化的水文响应及其应对措施是当前水文科学面临的热点和难点，构建一个物理机制明确同时又考虑尺度效应的水文模型是该研究方向的重要内容之一。本书在详细阐述基于代表性单元流域建模思路的基础上，构建了一个结构完整、高效实用，同时又能考虑关键参数尺度转换机制的分布式水文物理模型，并对模型的稳定性和适用性进行了检验。本书成果将是流域尺度下水文物理过程模拟的重要工具，其定量数值模拟能力可以为气候变化和人类活动影响下湿润地区的极端气候变化事件、大尺度流域水文响应的模拟和预测提供可靠的实现平台和技术手段。

本书适合水文模拟及预报预测、水资源分析及评价等领域的科技工作者、工程技术人员参考，也可供相关专业的本科生、研究生和教师阅读。

图书在版编目（CIP）数据

代表性单元流域尺度水文模拟方法研究/许钦等著. —北京：科学出版社，2019.9

ISBN 978-7-03-062292-1

Ⅰ.①代… Ⅱ.①许… Ⅲ.①流域–水文模拟–方法研究 Ⅳ.①P334

中国版本图书馆 CIP 数据核字（2019）第 203400 号

责任编辑：周　丹　曾佳佳/责任校对：杨聪敏
责任印制：张　伟/封面设计：许　瑞

科学出版社 出版
北京东黄城根北街 16 号
邮政编码：100717
http://www.sciencep.com

北京中石油彩色印刷有限责任公司 印刷

科学出版社发行　各地新华书店经销
*
2019 年 9 月第 一 版　开本：720×1000　1/16
2019 年 9 月第一次印刷　印张：8 1/2
字数：170 000

定价：99.00 元
（如有印装质量问题，我社负责调换）

作者名单

许　钦　关铁生　马　涛　陈　星
任立良　郑　皓　许　钊　李炳锋

目　　录

第1章 绪 论

对水文模拟，我们的一贯做法是将我们对过程运动的了解纳入系统的概念模型中。通常情况下，复杂的概念模型的某些部分才具有更严格的物理意义。但即使是最基于物理理论的模型也不能真实反映水文实际发生过程的复杂性和多样性。应该说现在的流域水文学在很大程度上仍是一门经验科学。

——*George M. Hornberger, 1985*

1.1 本书研究背景、目的及意义

"降雨后发生了什么？"[1]为了回答这个问题，1961 年 Penman 第一次将水文学作为一门学科给出了它的定义。一系列的实验和工作表明，要回答这样一个看似简单的问题是非常困难的。水文循环中，降水、蒸发、下垫面状态、径流、土壤水等要素的变化也是极其复杂的，并且这些受到很多不确定性因素的影响。为了定量描述各个要素的变化过程及进一步研究它们的变化规律，研究者们建立了"流域水文学"这一研究方向，其研究对象为水文循环中流域尺度范围内的水文响应。流域水文模拟是流域水文学中的一种重要研究方法，旨在应用数学物理和水文学知识，在流域尺度范围内，对降雨径流形成过程进行局部或整体模拟，从而达到研究流域水文响应的目的，而流域水文模型则正是体现这种数学模拟的逻辑工具[1]。

20 世纪是流域水文模型蓬勃发展的世纪，流域水文模型研究经历了由"黑箱子"模型向过程机理模型的发展过程。人们最早建立的是系统模拟模型，如单位线、经验相关和概化推理等，这些研究方法将流域视为一个"黑箱子"，不考虑"黑箱子"内部的水文过程；随着对水文过程机理的逐步认识，过程机理模型代替了系统模拟模型，并分为概念性模型和物理性模型两种过程机理模型。概念性模型使用一系列互相联系的存储单元以及这些存储单元之间的水力联系来模拟流域上发生的水文过程，其基础是质量守恒方程和动量守恒方程。但是，模型计算时并不是严格地应用质量守恒方程和动量守恒方程，而是应用了具有一定物理意义的近似方程。模型的部分参数没有明确的物理意义，需要通过对历史资料的率定来确定[2]。概念性水文模型一般是集总式模型或分块式模型，加之其部分参数的物理意义不明确，所以不能有效地反映流域气象和下垫面条件的变化，且无法对无资料地区进行水文模拟和预测。随着人类对自然界改造范围的扩大和强度的增加，对下垫面和气候变化条件下及无资料地区的水文模拟和预测变得更加必要和迫切[2]。参数的物理意义不明确，概念性水文模型不能较好地解决这一问题，使得具有物理基础的水文模型研究提上了日程[3-5]。Freeze 和 Harlan 在 1969 年发表的一篇名为《一个具有物理基础数值模拟的水文响应模型的蓝图》[5]的文章掀开了物理性分布式流域水文模型研究的序幕。而后，大批基于 Freeze 和 Harlan "蓝图"的物理性分布式流域水文模型如雨后春笋般出现，如 SHE（Système Hydrologique Européen）模型[3,4]等。纵观物理性分布式流域水文模型 50 年的发展历程[6]，研究中主要存在以下问题：

（1）如何使物理性分布式流域水文模型对水文过程的描述最大限度地接近真实情形。人们对规则边界、理想多孔介质等简单条件下液态水流运动的规律已有比较深入的认识，对其运动状态的模拟和预测也较为成熟，但对在自然流域中发生的、与人类生产生活密切相关的、由一系列相互耦合的复杂过程所构成的水文系统的认识则肤浅得多[7]。如何建立能够更好地描述这种复杂过程的模型是水文学者们面临的严峻挑战[1]。

（2）如何使物理性分布式流域水文模型中方程适用尺度和模型应用尺度匹配。物理性流域水文模型大多基于微观尺度上的机理性方程建立，虽然能够比仅考虑质量守恒的概念性水文模型更加清晰地阐述水文过程的机理，但存在着模型中方程适用尺度和模型应用尺度之间不匹配的问题，从而使得模型的物理性受到质疑。如何实现尺度匹配与尺度转换是流域水文模型构建时急待解决的问题之一。

（3）如何使现有的物理性分布式流域水文模型中融入更多的流域水文本构关系。现有的物理性分布式流域水文模型在构建时，更多的是考虑经典的物理学定律，忽略了水文循环过程中所固有的流域水文本构关系，从而降低了模型本身的真实性和可操作性。如何探求更多的流域水文本构关系并将其融入流域水文模型的构建当中，使得物理定律和流域水文本构关系在水文建模中发挥各自的重要作用是当今水文学领域的前沿科学问题[8]。

（4）如何减轻物理性分布式流域水文模型的计算负担。构建物理性分布式流域水文模型的初衷是使人们更好地了解水文循环过程的机理，从而更好地利用水文模型来预测未来情形。现有的很多物理性水文模型计算量巨大，一般的计算机不能很好地满足其存储量及计算速度的要求，模型往往只能在实验性的小流域中应用，在实际科研和生产中还不能够完全发挥其作用，有违其构建的初衷。减轻物理性分布式流域水文模型的计算负担是联系应用水文学与理论水文学之间的一座桥梁。

（5）输入难以获得，输出难以检验，过参数化[9]。物理性分布式流域水文模型需要流域气象和下垫面条件的详尽资料，这在实际流域尤其是无资料地区是难以获得的[2,10]，这一问题可以说是当今制约物理性分布式流域水文模型发展的瓶颈。物理性分布式流域水文模型可以利用分布式的特点对水文过程进行精细的模拟，并给出所有过程和变量的计算结果，但由于缺乏观测数据，很难检验这些水文过程和变量的计算结果是否正确，这使得物理性水文模型详尽但又具有较大不确定性的分布式输出丧失了意义[11]。由于流域下垫面条件的高度变异性，离散后的每个计算单元均需要一套独立参数，对整个流域来说参数的数目是巨大的，而对于流域出口的流量过程而言（这往往是模型率定的主要甚至是唯一的目标），就存在无穷多种组合可以得到同样结果的问题，即所谓"异参同效"问题[12]，这使得物理性水文模型的参数确定和率定工作变得十分复杂，并导致对参数代表性的怀疑。

根据以上总结，本书拟针对以下几个具体问题进行研究，以期取得进展：

（1）为协调物理性分布式流域水文模型中方程适用尺度和模型应用尺度，本书拟在模型应用尺度即流域尺度上建立方程并构建模型，同时给出满足该方法的流域空间计算单元——代表性单元流域的具体划分方法。

（2）为减轻物理性分布式流域水文模型的计算负担，本书拟在构建模型时采用代数方程和常微分方程代替以往模型中的偏微分方程。

（3）为加强物理性分布式流域水文模型对真实情形的描述能力，本书拟在流域水文本构关系方面进行研究，并在构建模型时引入若干流域水文本构关系。

本书对于物理机制分布式流域水文模型的建立和应用具有积极的意义，对于水文模型研究由经验性和工程性向理论性和科学性发展具有推动作用。具体体现在：

（1）基于代表性单元流域构建了物理性分布式流域水文模型并应用于实际流域，证明了直接基于宏观尺度构建物理性分布式流域水文模型的可行性，为进一步研究水文尺度问题提供了途径。

（2）建模时考虑了质量守恒、动量守恒、能量守恒和热力学熵平衡等原理，不仅传承了传统水文建模的方法，而且进一步拓宽了水文建模的思路。

（3）沿袭数字水文模型构建的方法，建模时充分利用高程、地形、植被、土壤等信息，提高了模型对实际水文过程描述的真实性。模型理论上不仅可以充分反映气象输入和流域下垫面条件的不均匀性，而且能够对流域的水文状态变量和通量进行分布式模拟，对水文过程机理的研究给予了支持。

（4）模型的参数具有物理意义，可根据实测资料确定，反映了人类活动和气候变化对流域水文过程的影响，为该方向的研究补充了工具。

（5）以该模型为平台，可以进一步耦合泥沙模型、污染物迁移模型等，对流体动力学、环境水文学及生态水文学的交叉发展有所裨益。

1.2　国内外的研究进展

1.2.1　流域水文模型

水文模型是水文学发展的产物，并伴随着水文学的发展而发展。现代水文模型出现于应用水文学兴起的 20 世纪 30 年代[13]，特别是 Sherman 提出水文单位线过程的概念[14]和 Horton 提出下渗理论以后。在 20 世纪 50 年代以前，水文模拟大多是针对某一个水文环节（如产流、汇流等）进行的。进入 50 年代以后，随着人们对入渗理论[15]、土壤水运动理论[16]和河道理论[17]等的综合认识，以及将计算机技术引入水文研究领域，开始把水文循环的整体过程作为一个完整的系统来研究，在 50 年代后期提出了"流域模型"的概念。世界上第一个真正意义上的流域水文模型诞生于 1959 年，是美国斯坦福（Stanford）大学水文学者 Crawford 和 Linsley 合作研制的斯坦福流域水文模型（Stanford Watershed Model，SWM）。20 世纪 60 年代初到 80 年代中期，是水文模型蓬勃发展的时期[18]。表 1.1 列举了一些国内外知名流域水文模型[19-33]。

表 1.1　国内外知名流域水文模型一览表（按模型名称首字母排列）

模型缩写	外文名全称	中文译名	作者及模型最初和最新版本发表年份	国家或地区
ARNO	Aron River Model	Arno 河模型	Todini（1988，1996）	意大利
CLS	Constrained Linear Simulation Model	约束线性模拟模型	Natale 和 Todini（1976，1977）	意大利
HBV	Hydrologiska Byråns Vattenbalans avdelning	水文模拟模型	Bergström（1976，1995）	北欧
HEC-HMS	Hydrologic Engineering Center-Hydrologic Modeling System	水文工程中心水文模拟系统	HEC（1981，2000）	美国

续表

模型缩写	外文名全称	中文译名	作者及模型最初和最新版本发表年份	国家或地区
NWS-RFS	National Weather Service-River Forcast System	国家天气局河流预报系统	Burnash (1973, 1995)	美国
RORB	Runoff Routing Model	径流演算模型	Laurenson (1964, 1995)	澳大利亚
SWM/HSPF	Stanford Watershed Model/Hydrologic Simulation Package-Fortran IV	斯坦福流域模型/Fortran IV 水文模拟	Crawford 和 Linsley (1966) /Bicknell 等 (1993)	美国
Tank	Tank Model	水箱模型	Sugawera (1974, 1995)	日本
TOPKAPI	Topographic Kinematic Approximation and Integration Model	地貌运动近似与集成模型	Todini (1995)	意大利
TOPMODEL	TOPographically-based hydrological MODEL	地形基础水文模型	Beven (1979, 1995)	欧洲
UBC	University of British Columbia Model	大不列颠哥伦比亚大学模型	Quick (1977, 1995)	加拿大
USGS	U. S. Geological Survey Model	美国地质调查局模型	Dawdy 等 (1970, 1978)	美国
WATFLOOD	Waterloo Flood System	滑铁卢洪水系统	Kouwen (1993, 2000)	加拿大
WBNM	Watershed Bounded Network Model	流域河网模型	Boyd 等 (1979, 1996)	澳大利亚
XAJ	Xin'anjiang Model	新安江流域水文模型	赵人俊等 (1980, 1995)	中国

20 世纪 80 年代后期至今，流域水文模型的发展处于缓慢阶段，大多数的水文模型在原模型的基础上，为适应不同的用途进行了改进。计算机计算能力的提高，以及地理信息系统、遥感技术等新技术被引入水文模型的研究和应用中，使得资料的获取和模型的运行更加方便，也使得分布式水文模型得到了较快的发展，还使得原有的水文模型在处理降雨和下垫面条件的不均匀性方面得到了改进，也更重视对水文过程物理基础的描述。

1.2.2　物理性分布式流域水文模型

1. "物理性"的含义

当今，很多水文学者把应用数学物理方程描述产、汇流过程的水文模型称为"物理性水文模型"，而经验公式、概念性模型等都属于"非物理性水文模型"范畴。从水文学的研究方法上来讲，无论是数学物理方程还是经验公式、概念性模型等，都是水文物理过程的描述语言，它们都是对自然现象的近似描述。而评价一个模型是否具有物理基础，更应该关注该模型对径流形成机理的描述是否符合真实的水文过程，而不能仅看这个模型采用的形式语言[34]。Beven 认为，一个"物理性水文模型"不仅其理论基础可以从已有的物理定律中推导出来（这是必要条件），而且模型的结构及输出还要与观测资料保持一致[6]。归纳起来，一个水文模型具有"物理性"应包含三层含义：①模型的理论基础及结构不能违反基本的物理原则；②模型的理论应当可以从已有的一些物理定律中推导出来；③模型参数及模拟输出应与实测资料在一定程度上保持一致性。根据以上观点，本书认为判断一个模型是否具有"物理性"，应当以其对客观真实过程的再现能力为主要标准，而后才是其所采用的语言形式。所以，无论是基于经典物理原则、定律及方程构建的水文模型，还是基于通过分析大量数据得到的流域水文本构关系构建的水文模型，抑或是基于二者结合体的水文模型，都属于"物理性水文模型"。

2. "FH69 蓝图"及其研究进展

物理性分布式水文模型的研究一般认为起始于 1969 年 Freeze 和 Harlan 发表的《一个具有物理基础数值模拟的水文响应模型的蓝图》[5]。在这篇文章里，Freeze 和 Harlan 描述了计算各种地表径流过程和地下径流过程的方程，并且说明了这些方程如何通过共同的边界条件联系起来组成一个完整的模拟框架，目前很多物理性分布式流域水文模型仍然是基于当年的这些分析而构建的。"FH69 蓝图"中描述水文过程所采用的方程都是非线性偏微分方程，即包含一个以上时间或空间尺度的微分方程。在实际水文模拟应用中，针对流域边界条件，一般只能用近似的数值方法求解这些微分方程，即用时间和空间的近似离散来代替方程中的微分项，同时做了一些简化假定，如对于地下径流过程，假定无论是饱和流还是非饱和流都可以用 Darcy 定律来描述，即流速与水力传导度和总势能梯度成正比，对于地表径流，假定水流可以看作顺坡而下或沿流域内河网流动的一维均匀流。Freeze 和 Harlan 还详尽讨论了"FH69 蓝图"中方程的输入要求和边界条件，主要包括气象输入、模型输入和参数输入。气象输入主要为降雨和蒸散发；模型输入主要包括流域边界、假定的势能零点、假定的水流下边界位置或不透水层位置以及为适应方程求解的时空步长而确定的流域离散化方式；参数输入主要为计算单元输入各种水流参数，以便考虑各种流态。

起初，一些水文学者将"FH69 蓝图"模型用于模拟和预报流域内局部区域的水文响应。1972 年，Freeze 在当时最先进的计算设备——IBM 公司 Thomas J. Watson 研究中心大型计算机上将"FH69 蓝图"模型首次用于模拟虚拟流域和山坡的水文响应[35]。虽然设备先进，但也只能模拟基于大网格有限区域的水文过程。1974 年，Stephenson 和 Freeze 首次将"FH69 蓝图"模型应用于实际流域——美国爱达荷州（Idaho）Reynolds 河流域的一个山坡，但结果并不理想[36]。经分析，两位学者指出研究区域是一个具有断裂玄武岩构造的复杂山坡，不仅水流路径极为复杂，而且对模型在该区域应用时所需输入的边界条件也知之甚少，同时计算方面的局限性也限制了他们实际模拟的次数。在此之后，随着空间技术、计算机技术的发展，越来越多的基于"FH69 蓝图"的物理性分布式水文模型相继出现。如 SHE 模型[3,4]，SHE 模型原先由英国水文研究所（The UK Institute of Hydrology）、丹麦水力研究院（The Danish Hydraulic Institute）和法国 SOGREAH 合作开发，现在已分别开发；英国水文研究所 Calver 和 Wood 开发的 IHDM 模型（Institute of Hydrology Distributed Model）[37]；澳大利亚学者 Grayson 等开发的 THALES 模型[38]以及 Vertessy 等[39]和 Zhang 等[40]开发的 CSIRO、TOPOG-IRM 动力学模型；还有一些其他的模型。这些物理性分布式流域水文模型之间的主要差别在于流域空间离散化方式和方程求解方法上，其本质都是基于"FH69 蓝图"的。

3. 物理性分布式流域水文模型构建的三种途径及其研究进展

物理性分布式流域水文模型对资料的要求很高，要从有限观测站点获取的有限资料中找到在质量上符合要求，且在空间和时间分辨率上也符合要求的资料是十分困难的，加之水文模型对计算机的要求较高，使得物理性分布式流域水文模型在 20 世纪 70 年代末以前发展较慢。随后，由于计算机功能的增强以及地理信息系统等相关技术的发展，这类模型得到了迅速发展。现有许多基于过程描绘的模型，尽管它们的流域离散化方式和对描述水文过程的方程式（组）的求解方法各不相同，但大多是以"FH69 蓝图"作为径流过程描述的基本框架的，即以质量、能量和动量方程描述自然系统，并考虑各变量和参数的空间变异性。物理性分布式流域水文模型的构建途径归纳起来主要有以下三种[9]。

1）松散耦合物理性分布式流域水文模型

松散耦合物理性分布式流域水文模型兼顾模型的物理机制及计算效率，可以说是二者"妥协"的产物。构建松散耦合物理性分布式流域水文模型时，首先根据产、汇流的特性，将流域空间离散为特定的"集总式"计算单元；其次在计算单元中应用物理性或概念性的方程及其有效参数[41]描述相应的水文过程；最后根据水力联系将计算单元耦合为一个整体。可以说这类模型是介于物理性水文模型和概念性水文模型之间的一种水文模型，SWAT 模型[42]、GBHM 模型[43,44]、THIHMS-RH 模型[45]、流域水文物理过程数字模型[46]、考虑植被影响的新安江模型[47]、网格型松散结构的分布式水文模型[48]等是这类模型的代表。

　　以 SWAT 模型为例，在 SWAT 模型中首先将研究对象划分为子流域；其次根据土壤性质、土地利用类型和农业管理措施等将子流域进一步划分为水文响应单元（hydrological response unit，HRU），作为水文模拟的基本单元。水文响应单元中包含了需要模拟的所有水文过程，如蒸发、降雨截留、入渗、土壤侵蚀、产流、地表径流、壤中流、地下径流和河道汇流等，其中地表径流的计算采用 Green-Ampt 公式或 SCS 曲线法，壤中流计算采用蓄泄演算法（storage routing method），径流演算采用合理化公式法（rational method）。模型采用水文响应单元"集总"子流域尺度内的空间变异性，各水文过程的计算多采用概念性的方法，其参数是宏观尺度上的有效参数。

　　2）基于不规则网格空间离散化的物理性分布式流域水文模型

　　在物理性分布式流域水文模型中，研究区域被离散为计算单元，以有限个离散点来代替原有的连续空间。一般情况下，离散的计算单元多为矩形网格，但在理论上，物理性分布式流域水文模型的空间离散并不限于矩形网格，也可以采用其他多边形网格或不规则网格，如不规则三角形网格（triangulated irregular network，TIN）。采用不规则网格离散研究区域，其优势主要表现在减少物理性分布式流域水文模型的计算量，以三角形网格为例，三角形网格在描述地形时达到相同描述精度所需的网格数目要比矩形网格少 1～2 个数量级[49]。基于这样的事实，很多学者将流域离散为不规则网格形式的计算单元，采用有限体积或有限元等方法求解计算单元的微分方程，构建了基于不规则网格的物理性分布式流域水文模型，如 TPModel 模型[50]、PIHM 模型[51]等。另外，基于不规则网格也可以建立概念性水文模型，如 Vivoni 等[49]建立的 tRIBS 模型。

　　3）考虑尺度变化模式下的物理性分布式流域水文模型

　　尺度问题是水文学研究中的一个重要问题。模型中方程适用尺度与模型实际应用尺度不匹配，原因之一就是数学物理方程的非线性、流域地形地貌特征的不均匀性和气象因素分布的不均匀性三者在流域水文模型中并存。在很多基于"FH69 蓝图"的物理性分布式流域水文模型中，其基本方程（水力学方程、地下水动力学方程及土壤水动力学方程）大多是微观尺度的方程，即点尺度和代表性单元体积（REV）尺度的方程，这就与实际流域水文模拟的尺度不匹配。为建立适用于宏观尺度的方程，目前出现了两种研究思路：一是将微观尺度的数学物理方程升尺度（upscaling）到宏观尺度；二是直接建立宏观尺度适用的数学物理方程，并以本构关系的形式将空间变异性的影响耦合到控制方程中。

将微观尺度的数学物理方程升尺度到宏观尺度的方法主要是基于概率理论，其代表性模型为 WEHY 模型[52,53]。在 WEHY 模型中，流域首先被离散为山坡或者子流域，称为模型计算单元（model computation unit，MCU），模型计算单元在垂直方向上进一步划分为坡面、非饱和区和饱和区，地表在水平方向上认为是由沟道和沟间坡地组成的系统。在模型计算单元内部，采用一定的概率模型描述下垫面条件的空间变异性，如采用对数正态分布描述饱和导水率在空间上的分布，用沟道密度等描述坡面上沟道的分布等，并把概率模型的统计参数耦合到微观尺度的方程中，最终得到以统计变量为参数的宏观尺度上的守恒方程，并对各水文过程进行描述。

直接建立宏观尺度适用的物理性分布式流域水文模型是最近二十年来水文建模领域的一个新思路，其主要方法是根据热力学理论，直接在宏观尺度，即代表性单元流域（representative elementary watershed，REW）尺度上采用连续介质方程构建物理性分布式流域水文模型。该方法最早由 Reggiani 等[54,55]提出；Lee 等对其中的本构关系进行了研究，并构建了 CREW 模型[56,57]；田富强等对模型结构进行了扩展[7,58]，并构建了 THModel。Beven[6]认为基于热力学系统理论构建水文模型是建立尺度协调理论的重大创新。在实际流域的应用表明，热力学系统水文模型具有很好的物理基础和应用前景[7,56,59,60]。

表 1.2 列举了一些国内外典型的物理性和准物理性分布式流域水文模型。

表 1.2　国内外典型的物理性和准物理性分布式流域水文模型（按模型名称首字母排列）

模型名称	计算单元形式	水文过程			
		降水、融雪、截留	蒸散发	坡面与河道汇流	非饱和带与饱和带
GBHM	按照汇流长度划分山坡单元，由沟道分布频率确定宽度方程	降水：Thiessen 多边形法；融雪：日平均温度法，考虑植被截留	由潜在蒸腾量估算实际蒸腾量	运动波，Manning 公式	土壤水：Richards 方程；地下水：质量守恒方程与 Darcy 定律
IHDM	若干个跌落式的河道和代表坡面	截留使用 Rutter 模型	P-M 公式，考虑了土壤含水量对根系吸水的影响	一维运动波	二维 Richards 方程，有限元法求解

模型名称	计算单元形式	水文过程			
		降水、融雪、截留	蒸散发	坡面与河道汇流	非饱和带与饱和带
MIKE SHE	水平划分矩形网格，垂直分层	融雪：能量平衡法和每日温度法；截留：Rutter 模型	P-M 公式及 Kristensen-Jensen 公式	坡面：二维扩散波；河道：一维扩散波	一维和三维 Richards 方程
SWAT	可采用网格、山坡和子流域单元	Nicks 方法产生日降水数据，由日气温区分降水类型，叶面积指数确定叶面最大蓄水能力	Hargreaves 法、P-M 公式或 Priestley-Taylor 法	坡面：修正 SCS 曲线法，或 Green-Ampt 下渗法计算地表径流总量；河道：变动蓄量系数法或 Muskingum 法	下渗量为降水量与地表径流之差，考虑潜水与承压含水层回归流
SWMM	划分为子流域，每个子流域有透水区域和不透水区域	融雪计算采用热量平衡法或日积温法		坡面：非线性蓄水池，Manning 公式计算产流；河道：恒定流法、运动波法或动力波法	下渗：Horton、Green-Ampt 径流曲线数法；土壤水：水量平衡与 Darcy 定律
THIHMS-SW	矩形网格	截留：降水和截留能力的较小值。洼地蓄水使用经验值	能量平衡法或作物-系数法	坡面：一维 Saint-Venant 运动波方程，同时计算侵蚀产沙；河道：一维运动波模型	土壤水：二维 Richards 方程，有限差分求解；地下水：多层模型，Darcy 定律
WEP 系列模型	矩形网格，网格内用"马赛克"法对土地利用类型归类			一维运动波法或动力波法	下渗：多层 Green-Ampt 模型，考虑与地表地下水的水量交换
郭生练熊立华	矩形网格	融雪：温度指数法；截留：降水和截留能力较小者	考虑气象因素，采用经验公式估算实际蒸散发量	一维 Saint-Venant 方程的运动波近似法（带源汇项）	下渗：Green-Ampt 公式和 Horton 下渗理论；地下水：运动波模型，考虑蓄满产流
李兰	矩形网格			坡面：沿坡向的 Saint-Venant 方程组；河道：考虑水库洪水演进	考虑下渗和蒸发的水动量方程和连续方程
任立良刘新仁	矩形网格	降水：点雨量站插值到网格	实测蒸散发折算	坡面：线性水库和单位线法；河道：Muskingum 法	下渗：三层土壤模型；土壤水、地下水：自由水蓄水容量曲线、出流系数、消退系数
唐莉华	矩形网格	截留使用 Horton 指数型公式		坡面：带源汇项的二维 Saint-Venant 动力波方程，同时计算侵蚀产沙；河道：一维运动波模型	土壤水：土壤水运动基本方程，考虑三种下渗边界条件；地下水：二维地下水运动基本方程

1.2.3　物理性分布式流域水文模型计算单元离散方式

1. 代表性单元面积（representative elementary area，REA）[46]

许多水文工作者对是否存在理性化的水文响应时间尺度和空间尺度持怀疑态度。水文学者对此做了不懈的努力，1988 年 Wood 首次提出了代表性单元面积的概念[61]。一定条件下流域水文响应的变异达到最小时的临界空间尺度被定义为代表性单元面积，在代表性单元面积内无须显式地考虑地形、土壤或降雨空间分布的实际情形，可以从统计途径考虑代表性单元面积内的不均一性，这并非意味着使用参数的平均值或等效值。此概念有助于我们明确分布式模型和集总式模型之间的关系以及这种关系如何随着空间尺度的变化而变化。Wood 刚开始提出代表性单元面积概念时，认为代表性单元面积的空间尺度约 1.0km^2，但 1995 年 Wood 根据土壤水分遥感资料、野外实测土壤水力参数和分布式水文模型，采用统计自相似技术和熵信息测度，重新探讨了空间不均匀性和空间尺度的关系，发现以统计途径取代水文参量空间分布实际情形的代表性单元面积阈值尺度是 5～10km^2 的量级[62]。1995 年 Blöschl 等考虑了产、汇流过程，采用流域系统嵌套法检验了 REA 概念在分布式降雨径流模拟中的意义和作用，得出如下的结论：代表性单元面积的大小强烈地受控于降雨时空分布，REA 的存在与否及大小因具体流域和特定应用而定，任何情形下 REA 的存在不是流域响应过程容易表达的先决条件[63]。

2. 水文响应单元（hydrological response unit，HRU）[46]

水文响应单元方法将流域离散成具有均一水文特性（诸如土地覆盖、坡面、形态）的面积单元，水文响应单元是一个空间结构上分布不均的整体，并具有共同决定其水文动态的土地利用、地形、土壤、地质的综合体。水文响应单元的定义包括两个基本假定：①与特定的地形-土壤-地质相关联的每一种土地利用状况具备均一的水文动态过程；②土地利用（植被类型）和各自的地形-植被-地质所反映的物理特性控制着水文动态。假定条件的核心在于水文响应单元内的水文动态的变化必须比不同的水文响应单元上水文动态的变化要小。在水文响应单元被勾划于计算机屏幕之前必须进行包括野外查勘在内的彻底的水文分析。

3. 分组响应单元（grouped response unit，GRU）[46]

1988 年 Kouwen 首次将分组响应单元应用于栅格水文模型中[64]。分组响应单元是按照下垫面地物覆盖的相似性将流域空间划分为若干类别（通常为六类），每一类别称作一种分组响应单元。这样，一个栅格单元内就有可能包含几种分组响应单元，每种分组响应单元上产生的坡面径流和壤中流都不同，某一栅格上的总径流是将该栅格单元上所有种类分组响应单元上的径流加在一起，再沿着河网演算至流域出口断面。例如，对具有相同地物覆盖百分比的两个分组响应单元，在相同的降雨和初始条件下，不管该地物覆盖种类空间分布如何，产生的径流量完全一样。该概念来源于城市水文学，城区径流量计算是将透水面积和不透水面积上的产流量加在一起。

4. 聚集模拟单元（aggregated simulation area，ASA）[46]

1996 年 Kite 在 SLURP 模型中首次将流域空间划分为聚集模拟单元[65]。聚集模拟单元不是下垫面性质均一的面积单元，而是一组已知特性的小面积单元。例如，地物覆盖类型可从卫星遥感资料获得 10m 分辨率的像元（pixel），但是实际工作中在这样小的像元范围内操作水文模型不太现实，取而代之的是将像元聚集在一起，使得模型操作更方便。这样的聚集模拟单元未必是正方形、矩形或任何其他规则图形面积单元（尽管这些规则图形可能是聚集模拟单元的子集），聚集模拟单元范围的确定更主要的是依据河网形状。对任一聚集模拟单元而言，基本要求是聚集模拟单元内地物覆盖的分布和高程均为已知，而且聚集模拟单元必须与流域的河网相联结，使得产生于聚集模拟单元上的径流能够演算至流域出口断面。

5. 水文相似单元（hydrological similar unit，HSU）[46]

水文相似单元是指土壤持水能力近似的区域[66,67]，由 Schumann 和 Schultz 于 1996 年提出。一个流域内土壤与植被的非均质性可以用土壤蓄水容量的空间分布函数来表示，水文模型里这些分布函数被用来表示一次暴雨过程中流域内实际土壤饱和程度的非线性分布对地表径流和表层流的影响。他们假设土壤蓄水容量可由土壤有效孔隙度（以百分比表示）和植物根系深度（以厘米表示）的乘积来表示。流域内土壤有效孔隙度与植物根系深度都是变量，如按照土壤质地的类别来区分，则在每一类别的土壤上有不同种类的植被，使用地理信息系统技术将土地利用资料叠加覆盖在土壤质地图上，就可推算出不同类别土壤质地的土壤蓄水容量面积分布曲线，这些阶梯状的离散的土壤蓄水容量面积分布柱状直方图可用线性或非线性的数学解析函数来表示，从而反映土壤蓄水容量的空间变异性乃至产流过程中流域内部饱和区域的空间分布状况。综上所述，与土壤蓄水容量面积分布函数的线型相类似的空间单元称为水文相似单元。

6. 代表性单元流域（representative elementary watershed，REW）

1998 年，Reggiani 等提出了代表性单元流域这一概念[54]。代表性单元流域是宏观尺度流域水文模型模拟流域水文响应的基本单元。自然流域及其水系具有明显的自相似结构，在空间尺度变换时流域和水系可以保持其几何不变性；可以将整个流域作为代表性单元流域来看待，也可以将整个流域的某级子流域作为代表性单元流域来看待。基于代表性单元流域的水文模拟理论和方法的基本思路为：首先，将流域离散为代表性单元流域，并按照流域上发生的水文过程将代表性单元流域划分为不同的功能子区；其次，在各功能子区上针对各相物质（如土壤骨架、水、气体等）根据连续介质热力学的一般原理分别建立质量、动量和能量的守恒方程及熵的平衡方程，然后对局部方程分别在时间和空间上进行均化，得到代表性单元流域尺度上描述各相物质的质量、动量、能量守恒规律的常微分方程组，这样得到的方程组是不定方程组，方程中未知量的个数多于方程的个数；再次，构建以上不定方程组的闭合条件，即本构关系，包括几何特征和物理特征。几何特征与空间尺度无关，并能达到较高的精度；物理特征则与尺度相关（代表性单元流域方法的物理特征需要建立在代表性单元流域尺度上），且不可能达到几何特征的精度，其建立需要新的观测事实和理论分析成果的支撑。

1.3　本书框架

1.3.1　本书内容

通过对热力学、连续介质力学及相关物理机制水文模型的学习，本书制定了一个由粗至细、由一般至特殊的建模思路。这样可以在一定程度上明确建模的步骤，使得整个过程清晰明了。具体的研究内容包括：

（1）以热力学系统为基础，将连续介质理论中描述物理量守恒的微观尺度方程推导至宏观尺度，为建立宏观尺度下物理性分布式流域水文模型提供了基本框架。

（2）归纳和建立宏观尺度下若干流域水文本构关系，将基本方程与本构关系相耦合，构建了基于代表性单元流域的物理性分布式流域水文模型——BREW 模型。

（3）在不同气候条件、土地覆被、土壤类型和地形地貌等情形下，测试了BREW 模型的适应性及稳定性，为该模型应用于实际流域做好准备。

（4）在数字高程流域水系模型生成的数字流域上，充分利用地理信息系统技术和遥感技术解译的流域下垫面信息，在全球能量水循环实验亚洲季风试验区淮河流域强化观测区对模型进行应用检验，验证了建模思想的正确性，讨论了模型结构的合理性，并评价了模型表现的优劣性，为模型应用于模拟水文循环、探求水文机理等方面的研究奠定了基础。

1.3.2　本书研究技术路线

本书研究总体框架及技术路线如图 1.1 所示。

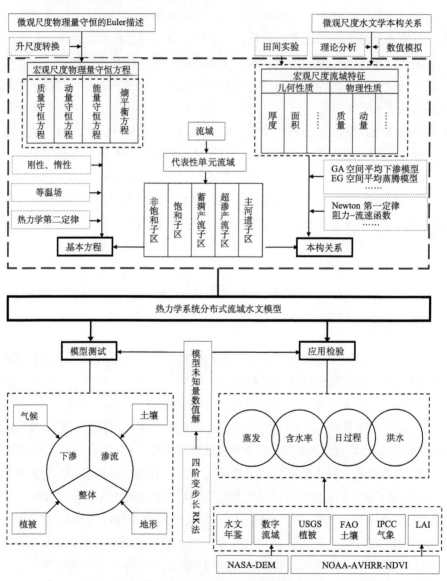

图 1.1　研究总体框架及技术路线

第2章 代表性单元流域水文模型基本框架

目前，流域水文学既借重基于流体力学的微尺度方法，又借重基于集合体统计研究的大尺度方法。两种方法任意一种都不完全适用于流域水文学，因为流域水文学包括了多个介于水文物理局部尺度和地理区域全球尺度的中等系统。

——*Jim Dooge, 1986*

传统基于"FH69 蓝图"的物理性分布式流域水文模型都是利用点尺度等微观尺度连续介质力学的场方程来描述流域水文过程，这使得方程适用尺度与模型应用尺度之间存在尺度不匹配的问题。Reggiani 等将流域看作一个开放的热力学系统，提出了基于宏观尺度直接建立描述流域水文过程的数学物理方程，从而构建物理性分布式流域水文模型的方法[54,55]。该方法将流域的计算单元离散为代表性单元流域，进一步将代表性单元流域划分为五个子区，每个子区中包含土壤固相物质、水体液相物质以及空气气相物质等，整个流域、代表性单元流域、子区和相物质可以看作整个开放的热力学系统由上而下不同空间尺度的宏观子系统。利用 Hassanizadeh 和 Gray[68-70] 提出的均化方法将宏观物理学中的质量守恒方程、动量守恒方程、能量守恒方程和熵平衡方程直接应用于每一层的各个子系统上，得到了代表性单元流域尺度上的数学物理方程。

基于代表性单元流域的空间离散化方法和热力学系统方程是构建代表性单元流域水文模型的基础。本章介绍代表性单元流域的定义、划分方法及 Reggiani 等建立的热力学基本方程通式，对使用代表性单元流域五子区划分法产生的变量给予系统性的详细定义，推导描述物理量守恒的宏观尺度方程，在针对流域水文过程的特点和流域水文模拟的需要提出一系列假设的基础上，将上述方程进行简化，得出代表性单元流域水文模型的基本方程，为构建代表性单元流域水文模型以及使这些基本方程能够应用于实际流域奠定了基础。

2.1　代表性单元流域及其子区划分

2.1.1　代表性单元流域的定义

代表性单元流域是推导代表性单元流域水文模型基本方程的计算单元,可以根据流域的水系分布及地貌特征将流域离散为若干个代表性单元流域。Reggiani 认为每个代表性单元流域的空间尺度并不固定,即一个流域离散为代表性单元流域的个数不固定,只要保证每个代表性单元流域具有独立完整的流域组成部分(如河道、坡面等) 即可,可以根据资料情况和研究目的来合理选择每个代表性单元流域的空间尺度。由于自然流域和天然水系具有自相似性的分形特征,保持了其几何不变性,因而代表性单元流域划分的空间尺度并不影响代表性单元流域水文模型基本方程的建立[71]。为将代表性单元流域的划分与数字高程模型相结合,本书采用子流域划分法建立代表性单元流域,认为代表性单元流域是具有三维空间立体结构的子流域,这样划分不仅将抽象的概念具体化,而且为简化 Reggiani 等提出的基本方程以及构建流域水文本构关系提供了前提。图 2.1(a)~ (c)显示

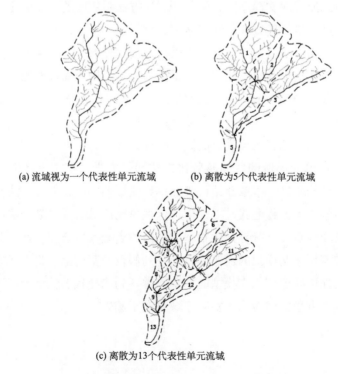

(a) 流域视为一个代表性单元流域　　　　(b) 离散为5个代表性单元流域

(c) 离散为13个代表性单元流域

图 2.1　流域离散为不同空间尺度的代表性单元流域

了在不同空间尺度下一个实际流域离散为代表性单元流域的情况：图中的加粗实线表示一个代表性单元流域中的主河道，虚线表示代表性单元流域内部的支流水系，加粗虚线表示一个代表性单元流域的边界。图 2.1（a）中整个流域被视为一个代表性单元流域，这种情况下只有一条主河道，代表性单元流域的边界与流域的边界重合；图 2.1（b）中流域被离散为 5 个代表性单元流域，图 2.1（c）中流域被继续细化，整个流域被离散为 13 个代表性单元流域。在以代表性单元流域为计算单元的水文模型中，每一个代表性单元流域被均化为一个点，代表性单元流域之间通过地表和地下的水文水力联系相耦合，图 2.2 为整个流域离散为 13 个代表性单元流域时（图 2.1（c））的流域概化示意图。

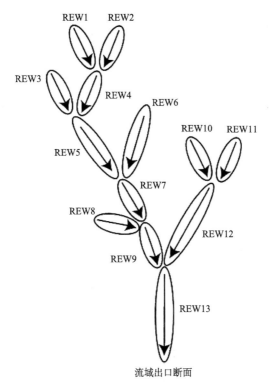

图 2.2　流域离散为 13 个代表性单元流域时的流域概化示意图

图 2.3 为一个流域离散为 3 个代表性单元流域时的空间结构示意图，其中 2 个代表性单元流域的主河道为一级河流，1 个为二级河流，代表性单元流域之间通过各自的主河道水流运动及地下水侧向扩散运动相联系。

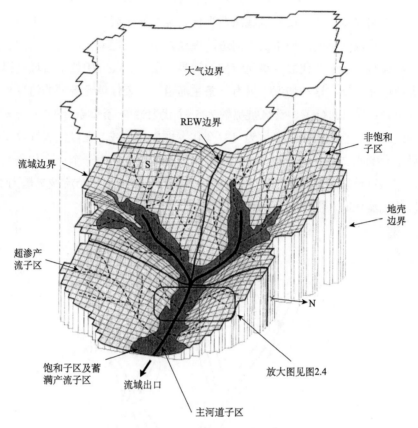

图 2.3　流域离散为 3 个代表性单元流域时的空间结构示意图

2.1.2　代表性单元流域的子区划分

1. 五子区划分

根据代表性单元流域的定义，任意一个代表性单元流域必须包含两个部分：河道和坡面。河道水流观测有很多成熟的技术和方法，但是对于坡面水流和地下水流的观测却难得多。Horton 作为第一位试图量化坡面水文过程的水文学者，提出了超渗产流模式[72-74]。而后 Hewlett 和 Hibbert 提出了蓄满产流模式[75]，同时 Dunne 经实地观测证实了蓄满产流现象的存在[76]。Chorley 认为，地下水水面将地表以下的土壤分成两层：饱和层与非饱和层。地下水水面以下至基岩为饱和层，地下水水面以上至地表为非饱和层。饱和层中主要是液相物质和固相物质，非饱和层中液相物质、固相物质和气相物质同时存在[77]。Beven 和 Kirkby 认为，地下水水面在地势较低区域如坡脚和河道两旁达到地表，产生饱和渗流面，饱和渗流面的大小随着季节的变化和一次降雨过程的变化而变化。饱和渗流面上的降水直接汇入河道而不发生下渗，坡面除饱和渗流面以外部分，即非饱和面上的降水会产生超渗径流，同时形成由小溪和沟道组成的河网，这些河网在坡脚区域与饱和渗流面汇合。随着降水的进行，地下水水面抬升，饱和渗流面和饱和层扩大，非饱和面和非饱和层减小[78]。

根据以上几位学者的观点和实践，Reggiani 将代表性单元流域划分为五个子区，非饱和子区（unsaturated zone-subregion，u 区）、饱和子区（saturated zone-subregion，s 区）、蓄满产流子区（overland flow-subregion，o 区）、超渗产流子区（concentrated overland flow-subregion，c 区）和主河道子区（channel reach-subregion，r 区），每个子区的大小会随着时间的变化而变化。

1）非饱和子区

非饱和子区的上边界为地表，下边界为地下水水面，由土壤、水和气体组成。非饱和子区主要与饱和子区及超渗产流子区进行质量、动量、能量和熵交换，如下渗、土壤孔隙中的蒸发、地下水回灌或毛管提升以及壤中流等。

2）饱和子区

饱和子区的上边界为地下水水面，下边界为不透水层或地下水的某一给定深度。在河道附近，地下水位可以达到地表，此时饱和子区的上边界为地表。该子区的物质包括土壤和水。其主要与非饱和子区、蓄满产流子区及主河道子区进行质量、动量、能量和熵交换。

3）蓄满产流子区

蓄满产流子区指地表饱和面。一次降雨过程中，蓄满产流子区上的降雨直接汇入河道而不发生下渗。该子区包含物质为水，主要与饱和子区、超渗产流子区及主河道子区进行质量、动量、能量和熵交换。

4）超渗产流子区

超渗产流子区指地表非饱和面。一次降雨初期，超渗产流子区上发生 Horton 机制产流现象。该子区包含物质为水，主要与非饱和子区及蓄满产流子区进行质量、动量、能量和熵的交换。

5）主河道子区

主河道子区包含物质为水。该子区主要和饱和子区、蓄满产流子区、相邻的代表性单元流域及流域外部进行质量、动量、能量和熵交换。

五子区划分及空间结构如图 2.4 所示[54]。五子区及其包含物质见表 2.1。

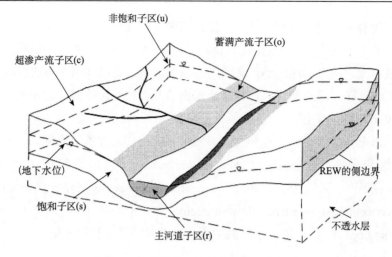

图 2.4　代表性单元流域中的五子区划分

表 2.1　五子区及其包含物质

序号	子区名称	子区名称缩写	包含物质	物质名称缩写
1	非饱和子区	u	水、土壤、气体	w, m, g
2	饱和子区	s	水、土壤	w, m
3	蓄满产流子区	o	水	w
4	超渗产流子区	c	水	w
5	主河道子区	r	水	w

2. 八子区划分

田富强等在 Reggiani 的工作基础上，将代表性单元流域划分为八个子区，非饱和子区（unsaturated zone，u 区）、饱和子区（saturated zone，s 区）、主河道子区（main channel reach zone，r 区）、子河网子区（sub stream network zone，t 区）、裸地子区（bared zone，b 区）、植被覆盖子区（vegetation covered zone，v 区）、积雪覆盖子区（snow covered zone，n 区）和冰川覆盖子区（glacier covered zone，g 区），在此不一一介绍。八子区划分如图 2.5 所示，每个子区包含的物质见表 2.2[7]。

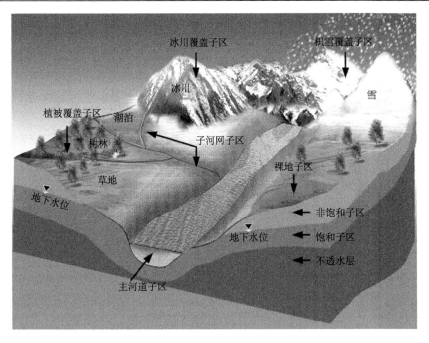

图 2.5　代表性单元流域中的八子区划分

表 2.2　八子区及其包含物质

序号	子区名称	子区名称缩写	包含物质	物质名称缩写
1	非饱和子区	u	土壤、液态水、气态水和空气、冰	m, l, a, i
2	饱和子区	s	土壤、液态水、冰	m, l, i
3	主河道子区	r	液态水、气态水	l, p
4	子河网子区	t	液态水、气态水	l, p
5	裸地子区	b	土壤、液态水、气态水	m, l, p
6	植被覆盖子区	v	植被、液态水、气态水	v, l, p
7	积雪覆盖子区	n	积雪、液态水、气态水和空气	n, l, a
8	冰川覆盖子区	g	冰、液态水、气态水	i, l, p

3. 本书采用五子区划分方法

五子区划分法主要来源于经典水文学理论及山坡水文学研究思想，直观明了地表达了地表径流过程、地下径流过程、土壤水运动过程及河道水流运动之间的相互关系，为代表性单元流域水文模型基本方程的构建提供了清晰的思路。八子区划分法扩充了子区分类和子区中的相物质，为构建寒区热力学水文模型奠定了基础，同时为利用下垫面变化及土地覆被信息提出更多的流域水文本构关系提供了基础。本书为简洁全面地构建模型基本方程以及流域水文本构关系，综合考虑两种方法各自优势及研究区域所处地理位置，采用五子区划分法构建模型基本方程，参考八子区划分法思想构建流域水文本构关系。本书以下所提到的子区均指五子区划分法所划分的子区。

2.2　变量定义及时空均化

代表性单元流域水文模型中，代表性单元流域、代表性单元流域中的子区和相物质可以视为开放的热力学系统由上而下不同空间尺度的宏观子系统。在代表性单元流域尺度下，每个代表性单元流域为一个子系统；在代表性单元流域中的子区尺度下，每个子区为一个子系统，即每个代表性单元流域中有 5 个子系统；在相物质尺度下，各子区的每种相物质被认为是该子区的一个子系统，据表 2.2 所示，整个代表性单元流域共有 8 个相物质级别子系统。以往采用五子区划分法离散代表性单元流域时，对于各个子系统中的变量没有形成系统的定义。本节根据热力学和连续介质力学知识，参考相关文献，对采用五子区划分法离散代表性单元流域时的变量给予系统性的详细定义。

2.2.1　变量定义

1. 代表性单元流域尺度变量定义

如图 2.3 所示，若整个流域离散为 M 个代表性单元流域，则第 k 个代表性单元流域记作 $B(k), k \in \{1, 2, \cdots, M\}$，$B$ 表示热力学子系统；与 $B(k)$ 相邻的代表性单元流域个数记作 N_k；整个 $B(k)$ 范围内所有物质占有的空间记作 $V(k)$，为一不规则柱体；整个 $B(k)$ 的表面记作 $A(k)$，包括侧面和上、下底面，侧面记作 $A_{\text{side}}(k)$，上底面记作 $A_{\text{top}}(k)$，下底面记作 $A_{\text{bot}}(k)$；$A_{\text{top}}(k)$ 在水平面投影记作 $\Sigma(k)$；$A_{\text{top}}(k)$ 的轮廓线记作 $C^A(k)$，$C^A(k)$ 与流域边界重合，$C^A(k)$ 最低点为流域出口；$A_{\text{side}}(k)$ 分为两部分，与相邻热力学子系统 $B(l), l = (1, \cdots, N_k)$ 之间的界面记作 $A_l(k)$，与流域边界之间的界面记作 $A_{\text{ext}}(k)$；$A_{\text{side}}(k)$ 外法向单位向量记作 $\boldsymbol{n}$，其方向处处水平。

根据以上定义有

$$A_{\text{side}}(k) = \sum_{l=1}^{N_k} A_l(k) + A_{\text{ext}}(k) \tag{2.1}$$

当一个代表性单元流域位于流域内部时，有

$$A_{\text{ext}}(k) = 0 \tag{2.2}$$

此时，

$$A_{\text{side}}(k) = \sum_{l=1}^{N_k} A_l(k) \tag{2.3}$$

2. 代表性单元流域中子区尺度变量定义

每一个子区记作 $B^j(k), j \in \{\text{u},\text{s},\text{o},\text{c},\text{r}\}$；$B^j(k)$ 范围内所有物质占有的空间记作 $V^j(k)$；$B^j(k)$ 的表面记作 $A^j(k)$，包括侧面和上、下底面；侧面记作 $A^j_{\text{side}}(k)$，包括三部分：$B^j(k)$ 侧面与流域外部之间的界面记作 $A^j_{\text{ext}}(k)$，$B^j(k)$ 与相邻的代表性单元流域 $B(l)$ 之间的界面记作 $A^j_l(k)$，$B^j(k)$ 与同一代表性单元流域中其他子区之间的界面记作 $A^{ji}(k)\ (j \neq i)$；$B^j(k)$ 上底面，即与大气之间的界面记作 $A^j_{\text{top}}(k)$；$B^j(k)$ 下底面，即与不透水层或给定深度底面之间的界面记作 $A^j_{\text{bot}}(k)$。

根据以上定义有：

（1）当 $B(k)$ 位于流域内部时，或者虽 $B(k)$ 位于流域边缘但 $B^j(k)$ 位于流域内部时，有

$$A^j_{\text{ext}}(k) = 0 \tag{2.4}$$

（2）当 $B^j(k)$ 位于 $B(k)$ 内部时，有

$$A^j_l(k) = 0 \tag{2.5}$$

令面微元向量为 $\text{d}\boldsymbol{A}$，则 $A^j(k)$ 的各个部分的面微元向量分别为 $\text{d}\boldsymbol{A}^j_{\text{ext}}(k)$、$\text{d}\boldsymbol{A}^j_l(k)$、$\text{d}\boldsymbol{A}^j_{\text{top}}(k), j = \{\text{o},\text{c},\text{r}\}$、$\text{d}\boldsymbol{A}^j_{\text{bot}}(k)$ 和 $\text{d}\boldsymbol{A}^{ji}(k)\ (j \neq i)$，每一个面微元向量的方向分别由子区 j 指向流域外部、相邻其他代表性单元流域、大气界面、不透水层或给定深度底面以及同一代表性单元流中的其他子区。

由空间解析几何知识可知

$$\begin{cases} A^{p,q} = A^{q,p} \\ \text{d}\boldsymbol{A}^{p,q} = -\text{d}\boldsymbol{A}^{q,p} \end{cases}, \quad p \neq q \tag{2.6}$$

$$A^{p,q} = \int_{A^{p,q}} \text{d}A^{p,q}, \quad p \neq q \tag{2.7}$$

式中：$A^{p,q}$ 表示方向为由 p 指向 q 的某一空间曲面 A。前文定义的 $A^j(k)$ 的各个

部分及其面微元向量均满足式（2.6）及式（2.7）中的关系。

3. 相物质尺度变量定义

一个子区中包含一种至三种相物质，每一种相物质记作 $B_\alpha^j(k), \alpha \in \{w, m, g\}$；$B_\alpha^j(k)$ 范围内所有物质占有的空间记作 $V_\alpha^j(k), \alpha \in \{w, m, g\}$；$B_\alpha^j(k)$ 的表面记作 $A_\alpha^j(k), \alpha \in \{w, m, g\}$，包括侧面和上、下底面；侧面记作 $A_{\alpha,\text{side}}^j(k)$，包括三部分：$B_\alpha^j(k)$ 侧面与流域外部之间的界面记作 $A_{\alpha,\text{ext}}^j(k)$，$B_\alpha^j(k)$ 与相邻的代表性单元流域 $B(l)$ 之间的界面记作 $A_{\alpha,l}^j(k)$，$B_\alpha^j(k)$ 与同一子区中其他相物质之间的界面记作 $A_{\alpha\beta}^j(k)$ $(\alpha \neq \beta)$；$B_\alpha^j(k)$ 上表面，即与大气之间的界面记作 $A_{\alpha,\text{top}}^j(k)$；$B_\alpha^j(k)$ 下表面，即与不透水层或给定深度底面之间的界面记作 $A_{\alpha,\text{bot}}^j(k)$。

令 $\gamma_\alpha^j(V)$ 为描述代表性单元流域 j 子区中 α 相物质分布状态的相分布函数[7]，它是体积 V 的函数，其数学表达为

$$\gamma_\alpha^j(V) = \begin{cases} 1, & V \subset V_\alpha^j \\ 0, & V \not\subset V_\alpha^j \end{cases}, \quad j = u, s, o, c, r; \quad \alpha = w, m, g \tag{2.8}$$

o 区、c 区和 r 区中只包含水。显然，$\forall V$ 有

$$\gamma_w^o = \gamma_w^c = \gamma_w^r = 1 \tag{2.9}$$

$$\gamma_m^o = \gamma_m^c = \gamma_m^r = \gamma_g^s = \gamma_g^o = \gamma_g^c = \gamma_g^r = 0 \tag{2.10}$$

相分布函数的引入，可以将在 V_α^j 中定义的物理量转换为在 V^j 中定义，也可以将在 $A_\alpha^j(k)$ 上定义的物理量转换为在 $A^j(k)$ 上定义。相物质尺度子系统空间尺度下的变量定义得以简化，同时同一子区不同相物质之间的界面 $A_{\alpha\beta}^j(k)$ $(\alpha \neq \beta)$ 及定义在其上面的物理量在相物质尺度下显得较为重要。$A_{\alpha\beta}^j$ 的面微元向量为 $\mathrm{d}A_{\alpha\beta}^j(k)(\alpha \neq \beta)$，$A_{\alpha\beta}^j(k)$ 及 $\mathrm{d}A_{\alpha\beta}^j(k)$ 同样满足式（2.6）及式（2.7）中的关系。

2.2.2　时空均化

代表性单元流域水文模型的基本方程是在宏观尺度下建立的，方程中一些变量的变化状态同样需要在宏观尺度下建立。本书根据 Hassanizadeh 和 Gray 的思想[68-70]，采用 Reggiani[54] 和田富强[7] 等的方法，通过对这些变量在微观尺度下状态变化的函数关系进行时空均化，从而得到这些变量在宏观尺度下状态变化的函数关系。

如下描述均定义在 $B(k)$ 上，为叙述简洁略去字母 k：

（1）$B^j, j \in \{u, s, o, c\}$ 时均水平投影相对面积，即 $B^j, j \in \{u, s, o, c\}$ 在水平面投

影面积占整个 B 在水平面投影面积的百分比 ω^j 为

$$\omega^j = \frac{1}{2\Delta t \Sigma} \int_{t-\Delta t}^{t+\Delta t} \Sigma^j \mathrm{d}\tau, \quad j = \mathrm{u,s,o,c} \tag{2.11}$$

式中：$2\Delta t$ 为时间间隔长度；Σ 为 B 水平投影面积；Σ^j 为 $B^j, j = \{\mathrm{u,s,o,c}\}$ 水平投影面积瞬时值，是时间变量 τ 的函数。

（2）$B^j, j \in \{\mathrm{u,s,o,c}\}$ 时均纵向厚度 y^j 为

$$y^j = \frac{1}{2\Delta t \omega^j \Sigma} \int_{t-\Delta t}^{t+\Delta t} \int_{V^j} \mathrm{d}V \mathrm{d}\tau, \quad j = \mathrm{u,s,o,c} \tag{2.12}$$

式中：V^j 为 j 子区所占有的空间。

（3）$B^j, j \in \{\mathrm{u,s,o,c}\}$ 中 α 相物质 $B_\alpha^j, \alpha \in \{\mathrm{w,m,g}\}$ 的时均相对体积，即 B_α^j 体积占整个 B^j 体积的百分比 ε_α^j 为

$$\varepsilon_\alpha^j = \frac{1}{2\Delta t y^j \omega^j \Sigma} \int_{t-\Delta t}^{t+\Delta t} \int_{V^j} \gamma_\alpha^j \mathrm{d}V \mathrm{d}\tau, \quad j = \mathrm{u,s,o,c}; \quad \alpha = \mathrm{w,m,g} \tag{2.13}$$

式中：γ_α^j 为 α 相物质的相分布函数，是体积变量 V 的函数。

（4）$B^j, j \in \{\mathrm{u,s,o,c}\}$ 中 α 相物质 $B_\alpha^j, \alpha \in \{\mathrm{w,m,g}\}$ 的时均质量密度 $\overline{\rho_\alpha^j}$ 为

$$\overline{\rho_\alpha^j} = \frac{1}{2\Delta t \varepsilon_\alpha^j \omega^j \Sigma} \int_{t-\Delta t}^{t+\Delta t} \int_{V^j} \rho_\alpha^j \mathrm{d}V \mathrm{d}\tau, \quad j = \mathrm{u,s,c,o}; \quad \alpha = \mathrm{w,m,g} \tag{2.14}$$

式中：ρ_α^j 为 α 相物质在体微元 $\mathrm{d}V$ 中的密度瞬时值，是体积变量 V 的函数。

（5）$B^j, j \in \{\mathrm{u,s,o,c}\}$ 中单位质量 α 相物质具有的任意物理量 Ψ 的时均值 $\overline{\psi_\alpha^j}$ 为

$$\overline{\psi_\alpha^j} = \frac{1}{2\Delta t \varepsilon_\alpha^j y^j \overline{\rho_\alpha^j} \omega^j \Sigma} \int_{t-\Delta t}^{t+\Delta t} \int_{V^j} \rho_\alpha^j \psi_\alpha^j \gamma_\alpha^j \mathrm{d}V \mathrm{d}\tau, \quad j = \mathrm{u,s,o,c}; \quad \alpha = \mathrm{w,m,g} \tag{2.15}$$

式中：ψ_α^j 为单位质量 α 相物质所具有的物理量 Ψ 的瞬时值，是时间变量 τ 的函数。

（6）单位水平投影面积上的主河道时均长度 ξ^r 为

$$\xi^\mathrm{r} = \frac{1}{2\Delta t \Sigma} \int_{t-\Delta t}^{t+\Delta t} C^\mathrm{r} \mathrm{d}\tau \tag{2.16}$$

式中：C^r 为主河道长度瞬时值，是时间变量 τ 的函数。

（7）主河道时均过水断面面积 m^r 为

$$m^\mathrm{r} = \frac{1}{2\Delta t \xi^\mathrm{r} \Sigma} \int_{t-\Delta t}^{t+\Delta t} \int_{V^\mathrm{r}} \mathrm{d}V \mathrm{d}\tau \tag{2.17}$$

（8）B_α^r 时均密度 $\overline{\rho_\alpha^\mathrm{r}}$ 为

$$\overline{\rho_\alpha^\mathrm{r}} = \frac{1}{2\Delta t m^\mathrm{r} \xi^\mathrm{r} \Sigma} \int_{t-\Delta t}^{t+\Delta t} \int_{V^\mathrm{r}} \rho_\alpha^\mathrm{r} \mathrm{d}V \mathrm{d}\tau, \quad \alpha = \mathrm{w} \tag{2.18}$$

（9） B^{r} 中单位质量 α 相物质具有的任意物理量 Ψ 的时均值 $\overline{\psi_{\alpha}^{\mathrm{r}}}$ 为

$$\overline{\psi_{\alpha}^{\mathrm{r}}} = \frac{1}{2\Delta t \,\overline{\rho_{\alpha}^{\mathrm{r}}} m^{\mathrm{r}} \xi^{\mathrm{r}} \Sigma} \int_{t-\Delta t}^{t+\Delta t} \int_{V^{\mathrm{r}}} \rho_{\alpha}^{\mathrm{r}} \psi_{\alpha}^{\mathrm{r}} \mathrm{d}V \mathrm{d}\tau, \quad \alpha = \mathrm{w} \tag{2.19}$$

（10） α 相物质通过某一界面 A 的通量 e_{α}^{j} 为

$$e_{\alpha}^{j} = \frac{1}{2\Delta t \Sigma} \int_{t-\Delta t}^{t+\Delta t} \int_{A} \boldsymbol{n}^{A} \bullet \left[\rho \left(\boldsymbol{w}^{A} - \boldsymbol{v} \right) \right] \gamma_{\alpha}^{j} \mathrm{d}A \mathrm{d}\tau, \quad \alpha = \mathrm{w,m,g} \tag{2.20}$$

式中： $\boldsymbol{n}^{A}$ 为界面 A 的外法向单位向量； $\boldsymbol{w}^{A}$ 为界面 A 的速度； $\boldsymbol{v}$ 为 α 相物质的速度。

（11） j 子区内 $j \in \{\mathrm{u,s,o,c,r}\}$ α 相物质与 β 相物质之间的相变速率 $e_{\alpha\beta}^{j}$ 为

$$e_{\alpha\beta}^{j} = \frac{1}{2\Delta t \Sigma} \int_{t-\Delta t}^{t+\Delta t} \int_{A_{\alpha\beta}^{j}} \boldsymbol{n}_{\alpha\beta} \bullet \left[\rho_{\alpha}^{j} \left(\boldsymbol{w}_{\alpha\beta}^{j} - \boldsymbol{v}_{\alpha}^{j} \right) \right] \gamma_{\alpha}^{j} \mathrm{d}A \mathrm{d}\tau, \quad \alpha = \mathrm{w,m,g} \tag{2.21}$$

式中： $\boldsymbol{n}_{\alpha\beta}$ 为界面 $A_{\alpha\beta}$ 的外法向单位向量； $\boldsymbol{w}_{\alpha\beta}^{j}$ 为界面 $A_{\alpha\beta}$ 的速度； $\boldsymbol{v}_{\alpha}^{j}$ 为 α 相物质的速度。

根据以上均化公式，结合各子区特性，可得如下性质：

（1） $\varepsilon_{\mathrm{w}}^{\mathrm{u}}$ 和 $\varepsilon_{\mathrm{w}}^{\mathrm{s}}$ 即为土壤体积含水率，且 $\varepsilon_{\mathrm{w}}^{\mathrm{o}} = \varepsilon_{\mathrm{w}}^{\mathrm{c}} = \varepsilon_{\mathrm{w}}^{\mathrm{r}} = 1$；

（2）若 ε^{u} 和 ε^{s} 分别表示 u 区和 s 区的土壤孔隙度，则有 $\varepsilon^{\mathrm{u}} = \varepsilon_{\mathrm{w}}^{\mathrm{u}} + \varepsilon_{\mathrm{g}}^{\mathrm{u}}$，$\varepsilon^{\mathrm{s}} = \varepsilon_{\mathrm{w}}^{\mathrm{s}}$；

（3）若 $s_{\mathrm{w}}^{\mathrm{u}}$ 表示 u 区饱和度，则有 $s_{\mathrm{w}}^{\mathrm{u}} = \varepsilon_{\mathrm{w}}^{\mathrm{u}} / \varepsilon^{\mathrm{u}}$；

（4） ξ^{r} 即为河网密度，一般情况下认为 C^{r} 为一常数，故 ξ^{r} 也为一常数。

2.3　代表性单元流域水文模型基本方程推导及简化

2.3.1　物理量守恒方程通式

模型的基本方程是通过对某一热力学性质物理量 Ψ 在微观尺度下守恒方程的时空均化推导而得到的。微观尺度守恒方程的 Euler 描述如下[79,54]。

对于任意空间 V^{*}，其表面记作 A^{*}，其包含的连续介质体记作 B^{*}，B^{*} 所具有的某一热力学性质物理量 Ψ 满足如下守恒方程：

$$\frac{\mathrm{d}}{\mathrm{d}\tau} \int_{V^{*}} \rho\psi \mathrm{d}V + \int_{A^{*}} \boldsymbol{n}^{*} \bullet \left[\rho\left(\boldsymbol{v} - \boldsymbol{w}^{*}\right)\psi - \boldsymbol{i} \right] \mathrm{d}A - \int_{V^{*}} \rho f \mathrm{d}V = \int_{V^{*}} G \mathrm{d}V \tag{2.22}$$

式中： ρ 为 B^{*} 的密度； ψ 为单位质量上物理量 Ψ 的值； $\mathrm{d}V$ 为 B^{*} 的体微元； $\boldsymbol{n}^{*}$ 为 A^{*} 的外法向单位向量； $\boldsymbol{v}$ 为 B^{*} 的速度； $\boldsymbol{w}^{*}$ 为 A^{*} 的速度； $\boldsymbol{i}$ 为 Ψ 的散度通量； $\mathrm{d}A$ 为 A^{*} 的面微元； f 和 G 为 Ψ 的汇源项，其中 f 以单位质量计，G 以单位体积计； ψ、$\boldsymbol{i}$、f、G 的具体含义和取值根据考虑的物理量 Ψ 的不同而不同。当 Ψ 分别为

质量、线性动量、能量和熵时，ψ、i、f、G 取值如表 2.3 所示。

表 2.3　守恒方程物理量 Ψ 类别及其他各项取值

Ψ	ψ	i	f	G
质量	1	0	0	0
线性动量	v	t	g	0
能量	$E+1/2\,v^2$	$t\times v+q$	$h+g\cdot v$	0
熵	η	j	b	L

连续介质体 B^* 的微元记作 $\mathrm{d}B$。则表 2.3 中 E 为单位质量 $\mathrm{d}B$ 所具有的内能；η 为单位质量 $\mathrm{d}B$ 的熵；t 为 $\mathrm{d}B$ 上的应力张量，即协强张量；q 为 $\mathrm{d}B$ 上的热通量向量；j 为熵的非对流传递通量；g 为重力加速度向量；h 为外界输入 $\mathrm{d}B$ 的能量；b 为外界输入 $\mathrm{d}B$ 的熵；L 为 $\mathrm{d}B$ 的熵增量。

将式（2.22）分别应用于 5 个子区，可得 5 个子区中物理量 Ψ 的守恒方程通式如下[54]*：

（1）非饱和子区：

$$\frac{\mathrm{d}}{\mathrm{d}\tau}\int_{V^{\mathrm{u}}}\rho\psi\gamma_\alpha^{\mathrm{u}}\mathrm{d}V+\int_{A_{\mathrm{ext}}^{\mathrm{u}}}\boldsymbol{n}_{\mathrm{ext}}^{\mathrm{u}}\cdot\left[\rho\left(\boldsymbol{v}-\boldsymbol{w}_{\mathrm{ext}}^{\mathrm{u}}\right)\psi-\boldsymbol{i}\right]\gamma_\alpha^{\mathrm{u}}\mathrm{d}A+\sum_{j=\mathrm{s,c}}\int_{A^{\mathrm{u}j}}\boldsymbol{n}^{\mathrm{u}j}\cdot\left[\rho\left(\boldsymbol{v}-\boldsymbol{w}^{\mathrm{u}j}\right)\psi-\boldsymbol{i}\right]\gamma_\alpha^{\mathrm{u}}\mathrm{d}A$$

$$+\sum_{\alpha,\beta=\mathrm{w,m,g}}^{\alpha\neq\beta}\int_{A_{\alpha\beta}^{\mathrm{u}}}\boldsymbol{n}^{\alpha\beta}\cdot\left[\rho\left(\boldsymbol{v}-\boldsymbol{w}^{\alpha\beta}\right)\psi-\boldsymbol{i}\right]\gamma_\alpha^{\mathrm{u}}\mathrm{d}A-\int_{V^{\mathrm{u}}}\rho f\mathrm{d}V=\int_{V^{\mathrm{u}}}G\mathrm{d}V \qquad (2.23)$$

（2）饱和子区：

$$\frac{\mathrm{d}}{\mathrm{d}\tau}\int_{V^{\mathrm{s}}}\rho\psi\gamma_\alpha^{\mathrm{s}}\mathrm{d}V+\int_{A_{\mathrm{ext}}^{\mathrm{s}}}\boldsymbol{n}_{\mathrm{ext}}^{\mathrm{s}}\cdot\left[\rho\left(\boldsymbol{v}-\boldsymbol{w}_{\mathrm{ext}}^{\mathrm{s}}\right)\psi-\boldsymbol{i}\right]\gamma_\alpha^{\mathrm{s}}\mathrm{d}A+\int_{A_{\mathrm{bot}}^{\mathrm{s}}}\boldsymbol{n}_{\mathrm{bot}}^{\mathrm{s}}\cdot\left[\rho\left(\boldsymbol{v}-\boldsymbol{w}_{\mathrm{bot}}^{\mathrm{s}}\right)\psi-\boldsymbol{i}\right]\gamma_\alpha^{\mathrm{s}}\mathrm{d}A$$

$$+\sum_{j=\mathrm{u,o,r}}\int_{A^{\mathrm{s}j}}\boldsymbol{n}^{\mathrm{s}j}\cdot\left[\rho\left(\boldsymbol{v}-\boldsymbol{w}^{\mathrm{s}j}\right)\psi-\boldsymbol{i}\right]\gamma_\alpha^{\mathrm{s}}\mathrm{d}A+\sum_{\alpha,\beta=\mathrm{w,m}}^{\alpha\neq\beta}\int_{A_{\alpha\beta}^{\mathrm{s}}}\boldsymbol{n}^{\alpha\beta}\cdot\left[\rho\left(\boldsymbol{v}-\boldsymbol{w}^{\alpha\beta}\right)\psi-\boldsymbol{i}\right]\gamma_\alpha^{\mathrm{s}}\mathrm{d}A$$

$$-\int_{V^{\mathrm{s}}}\rho f\mathrm{d}V=\int_{V^{\mathrm{s}}}G\mathrm{d}V \qquad (2.24)$$

（3）蓄满产流子区：

$$\frac{\mathrm{d}}{\mathrm{d}\tau}\int_{V^{\mathrm{o}}}\rho\psi\mathrm{d}V+\int_{A_{\mathrm{top}}^{\mathrm{o}}}\boldsymbol{n}_{\mathrm{top}}^{\mathrm{o}}\cdot\left[\rho\left(\boldsymbol{v}-\boldsymbol{w}_{\mathrm{top}}^{\mathrm{s}}\right)\psi-\boldsymbol{i}\right]\mathrm{d}A$$

$$+\sum_{j=\mathrm{s,c,r}}\int_{A^{\mathrm{o}j}}\boldsymbol{n}^{\mathrm{o}j}\cdot\left[\rho\left(\boldsymbol{v}-\boldsymbol{w}^{\mathrm{o}j}\right)\psi-\boldsymbol{i}\right]\mathrm{d}A-\int_{V^{\mathrm{o}}}\rho f\mathrm{d}V=\int_{V^{\mathrm{o}}}G\mathrm{d}V \qquad (2.25)$$

---

* 参考文献存在公式错误及前后不一致等问题，本书推导时已做修正。

（4）超渗产流子区：

$$\frac{\mathrm{d}}{\mathrm{d}\tau}\int_{V^c}\rho\psi\mathrm{d}V+\int_{A_{\mathrm{top}}^c}\boldsymbol{n}_{\mathrm{top}}^c\bullet\left[\rho\left(\boldsymbol{v}-\boldsymbol{w}_{\mathrm{top}}^c\right)\psi-\boldsymbol{i}\right]\mathrm{d}A$$

$$+\sum_{j=\mathrm{u,o}}\int_{A^{cj}}\boldsymbol{n}^{cj}\bullet\left[\rho\left(\boldsymbol{v}-\boldsymbol{w}^{cj}\right)\psi-\boldsymbol{i}\right]\mathrm{d}A-\int_{V^c}\rho f\mathrm{d}V=\int_{V^c}G\mathrm{d}V \tag{2.26}$$

（5）主河道子区：

$$\frac{\mathrm{d}}{\mathrm{d}\tau}\int_{V^r}\rho\psi\mathrm{d}V+\int_{A_{\mathrm{ext}}^r}\boldsymbol{n}_{\mathrm{ext}}^r\bullet\left[\rho\left(\boldsymbol{v}-\boldsymbol{w}_{\mathrm{ext}}^r\right)\psi-\boldsymbol{i}\right]\mathrm{d}A+\int_{A_{\mathrm{top}}^r}\boldsymbol{n}_{\mathrm{top}}^r\bullet\left[\rho\left(\boldsymbol{v}-\boldsymbol{w}_{\mathrm{top}}^r\right)\psi-\boldsymbol{i}\right]\mathrm{d}A$$

$$+\sum_{j=\mathrm{s,o}}\int_{A^{rj}}\boldsymbol{n}^{rj}\bullet\left[\rho\left(\boldsymbol{v}-\boldsymbol{w}^{rj}\right)\psi-\boldsymbol{i}\right]\mathrm{d}A-\int_{V^r}\rho f\mathrm{d}V=\int_{V^r}G\mathrm{d}V \tag{2.27}$$

式（2.23）～式（2.27）中各项意义如前文所述。

2.3.2　基本方程推导

式（2.23）～式（2.27）所给出的子区守恒方程通式都是对连续介质微元 $\mathrm{d}B$ 上物理量 Ψ 的微观描述。为推导出代表性单元流域水文模型基本方程，需对以上方程在代表性单元流域尺度上进行时空均化，从而获得对连续介质 B^* 上的物理量 Ψ 的宏观描述。

1. 非饱和子区

以非饱和子区通式为例，推导如下。

式（2.23）两边在区间 $[t-\Delta t,t+\Delta t]$ 上对时间变量 τ 积分，再除以 $2\Delta t$ 有

$$\frac{1}{2\Delta t}\int_{t-\Delta t}^{t+\Delta t}\left\{\frac{\mathrm{d}}{\mathrm{d}\tau}\int_{V^u}\rho\psi\gamma_\alpha^u\mathrm{d}V\right\}\mathrm{d}\tau+\frac{1}{2\Delta t}\int_{t-\Delta t}^{t+\Delta t}\left\{\int_{A_{\mathrm{ext}}^u}\boldsymbol{n}_{\mathrm{ext}}^u\bullet\left[\rho\left(\boldsymbol{v}-\boldsymbol{w}_{\mathrm{ext}}^u\right)\psi-\boldsymbol{i}\right]\gamma_\alpha^u\mathrm{d}A\right\}\mathrm{d}\tau$$

$$+\frac{1}{2\Delta t}\int_{t-\Delta t}^{t+\Delta t}\left\{\sum_{j=\mathrm{s,c}}\int_{A^{uj}}\boldsymbol{n}^{uj}\bullet\left[\rho\left(\boldsymbol{v}-\boldsymbol{w}^{uj}\right)\psi-\boldsymbol{i}\right]\gamma_\alpha^u\mathrm{d}A\right\}\mathrm{d}\tau$$

$$+\frac{1}{2\Delta t}\int_{t-\Delta t}^{t+\Delta t}\left\{\sum_{\alpha,\beta=\mathrm{w,m,g}}^{\alpha\neq\beta}\int_{A_{\alpha\beta}^u}\boldsymbol{n}^{\alpha\beta}\bullet\left[\rho\left(\boldsymbol{v}-\boldsymbol{w}^{\alpha\beta}\right)\psi-\boldsymbol{i}\right]\gamma_\alpha^u\mathrm{d}A\right\}\mathrm{d}\tau$$

$$+\frac{1}{2\Delta t}\int_{t-\Delta t}^{t+\Delta t}\left\{\int_{V^u}\rho f\mathrm{d}V\right\}\mathrm{d}\tau=\frac{1}{2\Delta t}\int_{t-\Delta t}^{t+\Delta t}\left\{\int_{V^u}G\mathrm{d}V\right\}\mathrm{d}\tau \tag{2.28}$$

将括号展开整理有

$$\frac{1}{2\Delta t}\int_{t-\Delta t}^{t+\Delta t}\left\{\frac{\mathrm{d}}{\mathrm{d}\tau}\int_{V^{\mathrm{u}}}\rho\psi\gamma_{\alpha}^{\mathrm{u}}\mathrm{d}V\right\}\mathrm{d}\tau \qquad\qquad\left.\right\}\Psi\text{的时变导数}$$

$$+\frac{1}{2\Delta t}\int_{t-\Delta t}^{t+\Delta t}\int_{A_{\mathrm{ext}}^{\mathrm{u}}}\boldsymbol{n}_{\mathrm{ext}}^{\mathrm{u}}\cdot\left[\rho\left(\boldsymbol{v}-\boldsymbol{w}_{\mathrm{ext}}^{\mathrm{u}}\right)\psi\right]\gamma_{\alpha}^{\mathrm{u}}\mathrm{d}A\mathrm{d}\tau$$

$$+\sum_{j=\mathrm{s,c}}\frac{1}{2\Delta t}\int_{t-\Delta t}^{t+\Delta t}\int_{A^{\mathrm{u}j}}\boldsymbol{n}^{\mathrm{u}j}\cdot\left[\rho\left(\boldsymbol{v}-\boldsymbol{w}^{\mathrm{u}j}\right)\psi\right]\gamma_{\alpha}^{\mathrm{u}}\mathrm{d}A\mathrm{d}\tau \qquad\left.\right\}\Psi\text{的位变导数}$$

$$+\sum_{\alpha,\beta=\mathrm{w,m,g}}^{\alpha\ne\beta}\frac{1}{2\Delta t}\int_{t-\Delta t}^{t+\Delta t}\int_{A_{\alpha\beta}^{\mathrm{u}}}\boldsymbol{n}^{\alpha\beta}\cdot\left[\rho\left(\boldsymbol{v}-\boldsymbol{w}^{\alpha\beta}\right)\psi\right]\gamma_{\alpha}^{\mathrm{u}}\mathrm{d}A\mathrm{d}\tau$$

$$-\frac{1}{2\Delta t}\int_{t-\Delta t}^{t+\Delta t}\int_{A_{\mathrm{ext}}^{\mathrm{u}}}\boldsymbol{n}_{\mathrm{ext}}^{\mathrm{u}}\cdot\boldsymbol{i}\gamma_{\alpha}^{\mathrm{u}}\mathrm{d}A\mathrm{d}\tau$$

$$-\sum_{j=\mathrm{s,c}}\frac{1}{2\Delta t}\int_{t-\Delta t}^{t+\Delta t}\int_{A^{\mathrm{u}j}}\boldsymbol{n}^{\mathrm{u}j}\cdot\boldsymbol{i}\gamma_{\alpha}^{\mathrm{u}}\mathrm{d}A\mathrm{d}\tau \qquad\qquad\left.\right\}\text{外界输入u区的}\Psi$$

$$-\sum_{\alpha,\beta=\mathrm{w,m,g}}^{\alpha\ne\beta}\frac{1}{2\Delta t}\int_{t-\Delta t}^{t+\Delta t}\int_{A_{\alpha\beta}^{\mathrm{u}}}\boldsymbol{n}^{\alpha\beta}\cdot\boldsymbol{i}\gamma_{\alpha}^{\mathrm{u}}\mathrm{d}A\mathrm{d}\tau$$

$$-\frac{1}{2\Delta t}\int_{t-\Delta t}^{t+\Delta t}\int_{V^{\mathrm{u}}}\left(\rho f+G\right)\mathrm{d}V\mathrm{d}\tau \qquad\qquad\left.\right\}\text{场的汇源项}$$

$$=0 \tag{2.29}$$

热力学系统中的物理量 Ψ 一般认为由两部分组成，时均相位值 $\overline{\psi}$ 和摄动相位值 $\widetilde{\psi}$，即

$$\psi=\overline{\psi}+\widetilde{\psi} \tag{2.30}$$

且满足如下性质：

$$\overline{\psi_{1}\psi_{2}}=\overline{\psi_{1}}\,\overline{\psi_{2}}+\overline{\widetilde{\psi_{1}}\widetilde{\psi_{2}}} \tag{2.31}$$

$$\widetilde{\psi_{1}\psi_{2}}=\overline{\psi_{1}}\widetilde{\psi_{2}}+\widetilde{\psi_{1}}\overline{\psi_{2}}+\widetilde{\widetilde{\psi_{1}}\widetilde{\psi_{2}}} \tag{2.32}$$

根据式（2.15），对 Ψ 的时变导数有

$$\frac{1}{2\Delta t}\int_{t-\Delta t}^{t+\Delta t}\left\{\frac{\mathrm{d}}{\mathrm{d}\tau}\int_{V^{\mathrm{u}}}\rho\psi\gamma_{\alpha}^{\mathrm{u}}\mathrm{d}V\right\}\mathrm{d}\tau=\frac{1}{2\Delta t}\frac{\mathrm{d}}{\mathrm{d}\tau}\int_{t-\Delta t}^{t+\Delta t}\int_{V^{\mathrm{u}}}\rho\psi\gamma_{\alpha}^{\mathrm{u}}\mathrm{d}V\mathrm{d}\tau$$

$$=\frac{\mathrm{d}}{\mathrm{d}\tau}\left(\frac{1}{2\Delta t}\int_{t-\Delta t}^{t+\Delta t}\int_{V^{\mathrm{u}}}\rho\psi\gamma_{\alpha}^{\mathrm{u}}\mathrm{d}V\mathrm{d}\tau\right)=\frac{\mathrm{d}}{\mathrm{d}\tau}\left(\overline{\rho\psi}\varepsilon_{\alpha}^{\mathrm{u}}y^{\mathrm{u}}\omega^{\mathrm{u}}\Sigma\right) \tag{2.33}$$

根据式（2.20）和式（2.30），对 Ψ 的位变导数第一项有

$$\frac{1}{2\Delta t}\int_{t-\Delta t}^{t+\Delta t}\int_{A_{\text{ext}}^{\text{u}}}\boldsymbol{n}_{\text{ext}}^{\text{u}}\cdot\left[\rho\left(\boldsymbol{v}-\boldsymbol{w}_{\text{ext}}^{\text{u}}\right)\psi\right]\gamma_{\alpha}^{\text{u}}\mathrm{d}A\mathrm{d}\tau=\frac{1}{2\Delta t}\int_{t-\Delta t}^{t+\Delta t}\int_{A_{\text{ext}}^{\text{u}}}\boldsymbol{n}_{\text{ext}}^{\text{u}}\cdot\left[\rho\left(\boldsymbol{v}-\boldsymbol{w}_{\text{ext}}^{\text{u}}\right)\left(\overline{\psi}+\widetilde{\psi}\right)\right]\gamma_{\alpha}^{\text{u}}\mathrm{d}A\mathrm{d}\tau$$

$$=\frac{1}{2\Delta t}\int_{t-\Delta t}^{t+\Delta t}\int_{A_{\text{ext}}^{\text{u}}}\boldsymbol{n}_{\text{ext}}^{\text{u}}\cdot\left[\rho\left(\boldsymbol{v}-\boldsymbol{w}_{\text{ext}}^{\text{u}}\right)\overline{\psi}\right]\gamma_{\alpha}^{\text{u}}\mathrm{d}A\mathrm{d}\tau+\frac{1}{2\Delta t}\int_{t-\Delta t}^{t+\Delta t}\int_{A_{\text{ext}}^{\text{u}}}\boldsymbol{n}_{\text{ext}}^{\text{u}}\cdot\left[\rho\left(\boldsymbol{v}-\boldsymbol{w}_{\text{ext}}^{\text{u}}\right)\widetilde{\psi}\right]\gamma_{\alpha}^{\text{u}}\mathrm{d}A\mathrm{d}\tau$$

$$=\overline{\psi}\frac{1}{2\Delta t}\int_{t-\Delta t}^{t+\Delta t}\int_{A_{\text{ext}}^{\text{u}}}\boldsymbol{n}_{\text{ext}}^{\text{u}}\cdot\left[\rho\left(\boldsymbol{v}-\boldsymbol{w}_{\text{ext}}^{\text{u}}\right)\right]\gamma_{\alpha}^{\text{u}}\mathrm{d}A\mathrm{d}\tau+\frac{1}{2\Delta t}\int_{t-\Delta t}^{t+\Delta t}\int_{A_{\text{ext}}^{\text{u}}}\boldsymbol{n}_{\text{ext}}^{\text{u}}\cdot\left[\rho\left(\boldsymbol{v}-\boldsymbol{w}_{\text{ext}}^{\text{u}}\right)\widetilde{\psi}\right]\gamma_{\alpha}^{\text{u}}\mathrm{d}A\mathrm{d}\tau$$

$$=-\overline{\psi}e_{\text{ext}}^{\text{u}}\Sigma+\frac{1}{2\Delta t}\int_{t-\Delta t}^{t+\Delta t}\int_{A_{\text{ext}}^{\text{u}}}\boldsymbol{n}_{\text{ext}}^{\text{u}}\cdot\left[\rho\left(\boldsymbol{v}-\boldsymbol{w}_{\text{ext}}^{\text{u}}\right)\widetilde{\psi}\right]\gamma_{\alpha}^{\text{u}}\mathrm{d}A\mathrm{d}\tau \tag{2.34}$$

同理根据式（2.20）、式（2.21）和式（2.30），位变导数第二项、第三项分别为

$$\sum_{j=\text{s,c}}\frac{1}{2\Delta t}\int_{t-\Delta t}^{t+\Delta t}\int_{A^{\text{uj}}}\boldsymbol{n}^{\text{uj}}\cdot\left[\rho\left(\boldsymbol{v}-\boldsymbol{w}^{\text{uj}}\right)\psi\right]\gamma_{\alpha}^{\text{u}}\mathrm{d}A\mathrm{d}\tau$$

$$=\sum_{j=\text{s,c}}\left\{-\overline{\psi}e^{\text{uj}}\Sigma+\frac{1}{2\Delta t}\int_{t-\Delta t}^{t+\Delta t}\int_{A^{\text{uj}}}\boldsymbol{n}^{\text{uj}}\cdot\left[\rho\left(\boldsymbol{v}-\boldsymbol{w}^{\text{uj}}\right)\widetilde{\psi}\right]\gamma_{\alpha}^{\text{u}}\mathrm{d}A\mathrm{d}\tau\right\} \tag{2.35}$$

$$\sum_{\alpha,\beta=\text{w,m,g}}^{\alpha\neq\beta}\frac{1}{2\Delta t}\int_{t-\Delta t}^{t+\Delta t}\int_{A_{\alpha\beta}^{\text{u}}}\boldsymbol{n}^{\alpha\beta}\cdot\left[\rho\left(\boldsymbol{v}-\boldsymbol{w}^{\alpha\beta}\right)\psi\right]\gamma_{\alpha}^{\text{u}}\mathrm{d}A\mathrm{d}\tau$$

$$=\sum_{\alpha,\beta=\text{w,m,g}}^{\alpha\neq\beta}\left\{-\overline{\psi}e_{\alpha\beta}^{\text{u}}\Sigma+\frac{1}{2\Delta t}\int_{t-\Delta t}^{t+\Delta t}\int_{A_{\alpha\beta}^{\text{u}}}\boldsymbol{n}_{\alpha\beta}^{\text{u}}\cdot\left[\rho\left(\boldsymbol{v}-\boldsymbol{w}^{\alpha\beta}\right)\widetilde{\psi}\right]\gamma_{\alpha}^{\text{u}}\mathrm{d}A\mathrm{d}\tau\right\} \tag{2.36}$$

将式（2.33）～式（2.36）代入式（2.29），整理后有

$$\frac{\mathrm{d}}{\mathrm{d}\tau}\left(\overline{\rho\psi}\varepsilon_{\alpha}^{\text{u}}y^{\text{u}}\omega^{\text{u}}\Sigma\right) \qquad\longrightarrow\text{时变导数}$$

$$-\left[\overline{\psi}e_{\text{ext}}^{\text{u}}\Sigma+\sum_{j=\text{s,c}}\left(\overline{\psi}e^{\text{uj}}\Sigma\right)+\sum_{\alpha,\beta=\text{w,m,g}}^{\alpha\neq\beta}\left(\overline{\psi}e_{\alpha\beta}^{\text{u}}\Sigma\right)\right] \qquad\longrightarrow\text{对流项}$$

$$+\frac{1}{2\Delta t}\int_{t-\Delta t}^{t+\Delta t}\int_{A_{\text{ext}}^{\text{u}}}\boldsymbol{n}_{\text{ext}}^{\text{u}}\cdot\left[\rho\left(\boldsymbol{v}-\boldsymbol{w}_{\text{ext}}^{\text{u}}\right)\widetilde{\psi}-\boldsymbol{i}\right]\gamma_{\alpha}^{\text{u}}\mathrm{d}A\mathrm{d}\tau \qquad\longrightarrow\text{通过界面}A_{\text{ext}}^{\text{u}}\text{的非对流项}$$

$$+\sum_{j=\text{s,c}}\left\{\frac{1}{2\Delta t}\int_{t-\Delta t}^{t+\Delta t}\int_{A^{\text{uj}}}\boldsymbol{n}^{\text{uj}}\cdot\left[\rho\left(\boldsymbol{v}-\boldsymbol{w}^{\text{uj}}\right)\widetilde{\psi}-\boldsymbol{i}\right]\gamma_{\alpha}^{\text{u}}\mathrm{d}A\mathrm{d}\tau\right\} \qquad\longrightarrow\text{通过界面}A^{\text{uj}}\text{的非对流项}$$

$$+\sum_{\alpha,\beta=\text{w,m,g}}^{\alpha\neq\beta}\left\{\frac{1}{2\Delta t}\int_{t-\Delta t}^{t+\Delta t}\int_{A_{\alpha\beta}^{\text{u}}}\boldsymbol{n}_{\alpha\beta}^{\text{u}}\cdot\left[\rho\left(\boldsymbol{v}-\boldsymbol{w}^{\alpha\beta}\right)\widetilde{\psi}-\boldsymbol{i}\right]\gamma_{\alpha}^{\text{u}}\mathrm{d}A\mathrm{d}\tau\right\} \qquad\longrightarrow\text{通过界面}A_{\alpha\beta}^{\text{u}}\text{的非对流项}$$

$$-\frac{1}{2\Delta t}\int_{t-\Delta t}^{t+\Delta t}\int_{V^{\text{u}}}\left(\rho f+G\right)\mathrm{d}V\mathrm{d}\tau \qquad\longrightarrow\text{场的汇源项}$$

$$=0 \tag{2.37}$$

令式（2.37）中通过界面 $A_{\mathrm{ext}}^{\mathrm{u}}$ 的非对流项为 $I_{\alpha,\mathrm{ext}}^{\mathrm{u}}$，通过界面 $A^{\mathrm{u}j}$ 的非对流项为 $I_{\alpha}^{\mathrm{u}j}$，通过界面 $A_{\alpha\beta}^{\mathrm{u}}$ 的非对流项为 $I_{\alpha\beta}^{\mathrm{u}}$，则

$$I_{\alpha,\mathrm{ext}}^{\mathrm{u}} = \frac{1}{2\Delta t}\int_{t-\Delta t}^{t+\Delta t}\int_{A_{\mathrm{ext}}^{\mathrm{u}}} \boldsymbol{n}_{\mathrm{ext}}^{\mathrm{u}}\bullet\left[\rho\left(\boldsymbol{v}-\boldsymbol{w}_{\mathrm{ext}}^{\mathrm{u}}\right)\widetilde{\psi}-\boldsymbol{i}\right]\gamma_{\alpha}^{\mathrm{u}}\mathrm{d}A\mathrm{d}\tau \tag{2.38}$$

$$I_{\alpha}^{\mathrm{u}j} = \frac{1}{2\Delta t}\int_{t-\Delta t}^{t+\Delta t}\int_{A^{\mathrm{u}j}} \boldsymbol{n}^{\mathrm{u}j}\bullet\left[\rho\left(\boldsymbol{v}-\boldsymbol{w}^{\mathrm{u}j}\right)\widetilde{\psi}-\boldsymbol{i}\right]\gamma_{\alpha}^{\mathrm{u}}\mathrm{d}A\mathrm{d}\tau \tag{2.39}$$

$$I_{\alpha\beta}^{\mathrm{u}} = \frac{1}{2\Delta t}\int_{t-\Delta t}^{t+\Delta t}\int_{A_{\alpha\beta}^{\mathrm{u}}} \boldsymbol{n}_{\alpha\beta}^{\mathrm{u}}\bullet\left[\rho\left(\boldsymbol{v}-\boldsymbol{w}^{\alpha\beta}\right)\widetilde{\psi}-\boldsymbol{i}\right]\gamma_{\alpha}^{\mathrm{u}}\mathrm{d}A\mathrm{d}\tau \tag{2.40}$$

同时令 B^{u} 内单位质量物质和单位体积物质产生 α 项物质的时均速率分别为

$$\overline{f_{\alpha}^{\mathrm{u}}} = \frac{1}{2\Delta t\overline{\rho}\varepsilon_{\alpha}^{\mathrm{u}}y^{\mathrm{u}}\omega^{\mathrm{u}}\varSigma}\int_{t-\Delta t}^{t+\Delta t}\int_{V^{\mathrm{u}}}\rho f_{\alpha}^{\mathrm{u}}\gamma_{\alpha}^{\mathrm{u}}\mathrm{d}V\mathrm{d}\tau \tag{2.41}$$

$$\overline{G_{\alpha}^{\mathrm{u}}} = \frac{1}{2\Delta t\varepsilon_{\alpha}^{\mathrm{u}}y^{\mathrm{u}}\omega^{\mathrm{u}}\varSigma}\int_{t-\Delta t}^{t+\Delta t}\int_{V^{\mathrm{u}}}G_{\alpha}^{\mathrm{u}}\gamma_{\alpha}^{\mathrm{u}}\mathrm{d}V\mathrm{d}\tau \tag{2.42}$$

将式（2.38）～式（2.42）代入式（2.37），方程两边同除以 $\varSigma$，整理后有

$$\frac{\mathrm{d}}{\mathrm{d}\tau}\left(\overline{\rho\psi}\varepsilon_{\alpha}^{\mathrm{u}}y^{\mathrm{u}}\omega^{\mathrm{u}}\right) \qquad\qquad \longrightarrow 时变导数$$

$$=\left[\overline{\psi}e_{\mathrm{ext}}^{\mathrm{u}}+\sum_{j=\mathrm{s,c}}\left(\overline{\psi}e^{\mathrm{u}j}\right)+\sum_{\substack{\alpha,\beta=\mathrm{w,m,g}}}^{\alpha\neq\beta}\left(\overline{\psi}e_{\alpha\beta}^{\mathrm{u}}\right)\right] \longrightarrow 对流项$$

$$+\left(I_{\alpha,\mathrm{ext}}^{\mathrm{u}}+\sum_{j=\mathrm{s,c}}I_{\alpha}^{\mathrm{u}j}+\sum_{\substack{\alpha,\beta=\mathrm{w,m,g}}}^{\alpha\neq\beta}I_{\alpha\beta}^{\mathrm{u}}\right) \longrightarrow 非对流项$$

$$+\left(\overline{f_{\alpha}^{\mathrm{u}}}\overline{\rho}\varepsilon_{\alpha}^{\mathrm{u}}y^{\mathrm{u}}\omega^{\mathrm{u}}+\overline{G_{\alpha}^{\mathrm{u}}}\varepsilon_{\alpha}^{\mathrm{u}}y^{\mathrm{u}}\omega^{\mathrm{u}}\right) \longrightarrow 汇源项 \tag{2.43}$$

式（2.43）即为 u 区连续介质 B^{*} 上的物理量 $\varPsi$ 守恒的宏观描述通式。式（2.28）～式（2.43）给出了从 u 区连续介质微元 $\mathrm{d}B$ 上物理量 $\varPsi$ 守恒的微观描述到 u 区连续介质 B^{*} 上物理量 $\varPsi$ 守恒的宏观描述的详细推导过程。将表 2.3 中各项内容代入式（2.43），即可得到 u 区宏观尺度质量守恒方程、动量守恒方程、能量守恒方程和熵平衡方程，具体形式如下。

1）质量守恒方程

$$\frac{\mathrm{d}}{\mathrm{d}\tau}\left(\rho_{\alpha}^{\mathrm{u}}y^{\mathrm{u}}\varepsilon^{\mathrm{u}}s_{\alpha}^{\mathrm{u}}\omega^{\mathrm{u}}\right) = \sum_{l}e_{\alpha,l}^{\mathrm{u}}+e_{\alpha,\mathrm{ext}}^{\mathrm{u}}+e_{\alpha}^{\mathrm{us}}+e_{\alpha}^{\mathrm{uc}}+e_{\alpha\beta}^{\mathrm{u}} \tag{2.44}$$

式中：e 表示质量交换速率；等号左边表示 u 区 α 相物质质量变化率，各符号意义如前文所述；$\sum_{l}e_{\alpha,l}^{\mathrm{u}}$ 为 u 区 α 相物质与相邻代表性单元流域之间的质量交换速

率；$e_{\alpha,\text{ext}}^{\text{u}}$ 为 u 区 α 相物质与流域外部之间的质量交换速率；e_{α}^{us} 为 u 区 α 相物质和 s 区之间的质量交换速率；e_{α}^{uc} 为 u 区 α 相物质和 c 区之间的质量交换速率；$e_{\alpha\beta}^{\text{u}}$ 为 u 区 α 相物质与 β 相物质之间的相变速率。

2）动量守恒方程

$$\left(\rho_{\alpha}^{\text{u}} y^{\text{u}} \varepsilon^{\text{u}} s_{\alpha}^{\text{u}} \omega^{\text{u}}\right) \frac{\mathrm{d}}{\mathrm{d}\tau} v_{\alpha}^{\text{u}} - \rho_{\alpha}^{\text{u}} y^{\text{u}} \varepsilon^{\text{u}} s_{\alpha}^{\text{u}} g_{\alpha}^{\text{u}} \omega^{\text{u}} = \sum_l T_{\alpha,l}^{\text{u}} + T_{\alpha,\text{ext}}^{\text{u}} + T_{\alpha}^{\text{us}} + T_{\alpha}^{\text{uc}} + T_{\alpha\beta}^{\text{u}} \quad （2.45）$$

式中：T 表示力；$\left(\rho_{\alpha}^{\text{u}} y^{\text{u}} \varepsilon^{\text{u}} s_{\alpha}^{\text{u}} \omega^{\text{u}}\right) \frac{\mathrm{d}}{\mathrm{d}\tau} v_{\alpha}^{\text{u}}$ 为 u 区 α 相物质惯性项，即动量变化率；$\rho_{\alpha}^{\text{u}} y^{\text{u}} \varepsilon^{\text{u}} s_{\alpha}^{\text{u}} g_{\alpha}^{\text{u}} \omega^{\text{u}}$ 为 u 区 α 相物质受到的重力；$\sum_l T_{\alpha,l}^{\text{u}}$ 为 u 区 α 相物质与相邻代表性单元流域之间的相互作用力；$T_{\alpha,\text{ext}}^{\text{u}}$ 为 u 区 α 相物质与流域外部之间的相互作用力；T_{α}^{us} 为 u 区 α 相物质与 s 区之间的相互作用力；T_{α}^{uc} 为 u 区 α 相物质与 c 区之间的相互作用力；$T_{\alpha\beta}^{\text{u}}$ 为 u 区 α 相物质与 β 相物质之间的相互作用力。

3）能量守恒方程

$$\left(\rho_{\alpha}^{\text{u}} y^{\text{u}} \varepsilon^{\text{u}} s_{\alpha}^{\text{u}} \omega^{\text{u}}\right) \frac{\mathrm{d}}{\mathrm{d}\tau} E_{\alpha}^{\text{u}} - \rho_{\alpha}^{\text{u}} y^{\text{u}} \varepsilon^{\text{u}} s_{\alpha}^{\text{u}} h_{\alpha}^{\text{u}} \omega^{\text{u}} = \sum_l Q_{\alpha,l}^{\text{u}} + Q_{\alpha,\text{ext}}^{\text{u}} + Q_{\alpha}^{\text{us}} + Q_{\alpha}^{\text{uc}} + Q_{\alpha\beta}^{\text{u}} \quad （2.46）$$

式中：Q 表示热量交换速率；$\left(\rho_{\alpha}^{\text{u}} y^{\text{u}} \varepsilon^{\text{u}} s_{\alpha}^{\text{u}} \omega^{\text{u}}\right) \frac{\mathrm{d}}{\mathrm{d}\tau} E_{\alpha}^{\text{u}}$ 为 u 区 α 相物质由于内能变化引起的热量变化速率；$\rho_{\alpha}^{\text{u}} y^{\text{u}} \varepsilon^{\text{u}} s_{\alpha}^{\text{u}} h_{\alpha}^{\text{u}} \omega^{\text{u}}$ 为外界输入 u 区 α 相物质能量引起的热量变化速率，外界输入能量包括太阳辐射、地热能等；$\sum_l Q_{\alpha,l}^{\text{u}}$ 为 u 区 α 相物质与相邻代表性单元流域之间的热量交换速率；$Q_{\alpha,\text{ext}}^{\text{u}}$ 为 u 区 α 相物质与流域外部之间的热量交换速率；Q_{α}^{us} 为 u 区 α 相物质与 s 区之间的热量交换速率；Q_{α}^{uc} 为 u 区 α 相物质与 c 区之间的热量交换速率；$Q_{\alpha\beta}^{\text{u}}$ 为 u 区 α 相物质与 β 相物质之间的热量交换速率。

4）熵平衡方程

$$\left(\rho_{\alpha}^{\text{u}} y^{\text{u}} \varepsilon^{\text{u}} s_{\alpha}^{\text{u}} \omega^{\text{u}}\right) \frac{\mathrm{d}}{\mathrm{d}\tau} \eta_{\alpha}^{\text{u}} - \rho_{\alpha}^{\text{u}} y^{\text{u}} \varepsilon^{\text{u}} s_{\alpha}^{\text{u}} b_{\alpha}^{\text{u}} \omega^{\text{u}} = L_{\alpha}^{\text{u}} \omega^{\text{u}} + \sum_l F_{\alpha,l}^{\text{u}} + F_{\alpha,\text{ext}}^{\text{u}} + F_{\alpha}^{\text{us}} + F_{\alpha}^{\text{uc}} + F_{\alpha\beta}^{\text{u}}$$

$$（2.47）$$

式中：L 表示熵变化速率；$\left(\rho_{\alpha}^{\text{u}} y^{\text{u}} \varepsilon^{\text{u}} s_{\alpha}^{\text{u}} \omega^{\text{u}}\right) \frac{\mathrm{d}}{\mathrm{d}\tau} \eta_{\alpha}^{\text{u}}$ 为 u 区 α 相物质具有的熵的变化速率；$\rho_{\alpha}^{\text{u}} y^{\text{u}} \varepsilon^{\text{u}} s_{\alpha}^{\text{u}} b_{\alpha}^{\text{u}} \omega^{\text{u}}$ 为外界输入 u 区 α 相物质熵的速率；$L_{\alpha}^{\text{u}} \omega^{\text{u}}$ 为 u 区 α 相物质由内摩擦产生热量引起的熵变化速率；$\sum_l F_{\alpha,l}^{\text{u}}$ 为 u 区 α 相物质与相邻代表性单元流域之间相互作用引起的熵变化速率；$F_{\alpha,\text{ext}}^{\text{u}}$ 为 u 区 α 相物质与流域外部之间相互

作用引起的熵变化速率；F_α^{us} 为 u 区 α 相物质与 s 区之间相互作用引起的熵变化速率；F_α^{uc} 为 u 区 α 相物质与 c 区之间相互作用引起的熵变化速率；$F_{\alpha\beta}^{\mathrm{u}}$ 为 u 区 α 相物质与 β 相物质之间相互作用引起的熵变化速率。

式（2.44）~式（2.47）即为代表性单元流域中非饱和子区的质量守恒方程、动量守恒方程、能量守恒方程以及熵平衡方程。

与 u 区推导过程相似，可得 s、o、c、r 区代表性单元流域水文模型的基本方程。

2. 饱和子区

1）质量守恒方程

$$\frac{\mathrm{d}}{\mathrm{d}\tau}\left(\rho_\alpha^{\mathrm{s}} y^{\mathrm{s}} \varepsilon^{\mathrm{s}} \omega^{\mathrm{s}}\right) = \sum_l e_{\alpha,l}^{\mathrm{s}} + e_{\alpha,\mathrm{ext}}^{\mathrm{s}} + e_{\alpha,\mathrm{bot}}^{\mathrm{s}} + e_\alpha^{\mathrm{su}} + e_\alpha^{\mathrm{so}} + e_\alpha^{\mathrm{sr}} + e_{\alpha\beta}^{\mathrm{s}} \tag{2.48}$$

式中：$e_{\alpha,\mathrm{bot}}^{\mathrm{s}}$ 为 s 区 α 相物质与不透水层或地下水的某一给定深度基面之间质量交换速率；e_α^{sr} 为 s 区 α 相物质与主河道子区之间质量交换速率。

2）动量守恒方程

$$\left(\rho_\alpha^{\mathrm{s}} y^{\mathrm{s}} \varepsilon^{\mathrm{s}} \omega^{\mathrm{s}}\right)\frac{\mathrm{d}}{\mathrm{d}\tau} \boldsymbol{v}_\alpha^{\mathrm{s}} - \rho_\alpha^{\mathrm{s}} y^{\mathrm{s}} \varepsilon^{\mathrm{s}} \boldsymbol{g}_\alpha^{\mathrm{s}} \omega^{\mathrm{s}} = \sum_l \boldsymbol{T}_{\alpha,l}^{\mathrm{s}} + \boldsymbol{T}_{\alpha,\mathrm{ext}}^{\mathrm{s}} + \boldsymbol{T}_{\alpha,\mathrm{bot}}^{\mathrm{s}} + \boldsymbol{T}_\alpha^{\mathrm{su}} + \boldsymbol{T}_\alpha^{\mathrm{so}} + \boldsymbol{T}_\alpha^{\mathrm{sr}} + \boldsymbol{T}_{\alpha\beta}^{\mathrm{s}} \tag{2.49}$$

3）能量守恒方程

$$\left(\rho_\alpha^{\mathrm{s}} y^{\mathrm{s}} \varepsilon^{\mathrm{s}} \omega^{\mathrm{s}}\right)\frac{\mathrm{d}}{\mathrm{d}\tau} E_\alpha^{\mathrm{s}} - \rho_\alpha^{\mathrm{s}} y^{\mathrm{s}} \varepsilon^{\mathrm{s}} h_\alpha^{\mathrm{s}} \omega^{\mathrm{s}} = \sum_l Q_{\alpha,l}^{\mathrm{s}} + Q_{\alpha,\mathrm{ext}}^{\mathrm{s}} + Q_{\alpha,\mathrm{bot}}^{\mathrm{s}} + Q_\alpha^{\mathrm{su}} + Q_\alpha^{\mathrm{so}} + Q_\alpha^{\mathrm{sr}} + Q_{\alpha\beta}^{\mathrm{s}}$$

$$\tag{2.50}$$

4）熵平衡方程

$$\left(\rho_\alpha^{\mathrm{s}} y^{\mathrm{s}} \varepsilon^{\mathrm{s}} \omega^{\mathrm{s}}\right)\frac{\mathrm{d}}{\mathrm{d}\tau} \eta_\alpha^{\mathrm{s}} - \rho_\alpha^{\mathrm{s}} y^{\mathrm{s}} \varepsilon^{\mathrm{s}} b_\alpha^{\mathrm{s}} \omega^{\mathrm{s}} = L_\alpha^{\mathrm{s}} \omega^{\mathrm{s}} + \sum_l F_{\alpha,l}^{\mathrm{s}} + F_{\alpha,\mathrm{ext}}^{\mathrm{s}} + F_{\alpha,\mathrm{bot}}^{\mathrm{s}} + F_\alpha^{\mathrm{su}} + F_\alpha^{\mathrm{so}} + F_\alpha^{\mathrm{sr}} + F_{\alpha\beta}^{\mathrm{s}}$$

$$\tag{2.51}$$

3. 蓄满产流子区

o 区、c 区和 r 所包含物质仅有水体，为叙述简洁略去字母 α。

1）质量守恒方程

$$\frac{\mathrm{d}}{\mathrm{d}\tau}\left(\rho^{\mathrm{o}} y^{\mathrm{o}} \omega^{\mathrm{o}}\right) = e_{\mathrm{top}}^{\mathrm{o}} + e^{\mathrm{os}} + e^{\mathrm{oc}} + e^{\mathrm{or}} \tag{2.52}$$

2）动量守恒方程

$$\left(\rho^{\mathrm{o}} y^{\mathrm{o}} \omega^{\mathrm{o}}\right) \frac{\mathrm{d}}{\mathrm{d}\tau} \boldsymbol{v}^{\mathrm{o}} - \rho^{\mathrm{o}} y^{\mathrm{o}} \boldsymbol{g}^{\mathrm{o}} \omega^{\mathrm{o}} = \boldsymbol{T}_{\mathrm{top}}^{\mathrm{o}} + \boldsymbol{T}^{\mathrm{os}} + \boldsymbol{T}^{\mathrm{oc}} + \boldsymbol{T}^{\mathrm{or}} \tag{2.53}$$

3）能量守恒方程

$$\left(\rho^{\mathrm{o}} y^{\mathrm{o}} \omega^{\mathrm{o}}\right) \frac{\mathrm{d}}{\mathrm{d}\tau} E^{\mathrm{o}} - \rho^{\mathrm{o}} y^{\mathrm{o}} h^{\mathrm{o}} \omega^{\mathrm{o}} = Q_{\mathrm{top}}^{\mathrm{s}} + Q^{\mathrm{os}} + Q^{\mathrm{oc}} + Q^{\mathrm{or}} \tag{2.54}$$

4）熵平衡方程

$$\left(\rho^{\mathrm{o}} y^{\mathrm{o}} \omega^{\mathrm{o}}\right) \frac{\mathrm{d}}{\mathrm{d}\tau} \eta^{\mathrm{o}} - \rho^{\mathrm{o}} y^{\mathrm{o}} b^{\mathrm{o}} \omega^{\mathrm{o}} = L^{\mathrm{o}} \omega^{\mathrm{o}} + F_{\mathrm{top}}^{\mathrm{o}} + F^{\mathrm{os}} + F^{\mathrm{oc}} + F^{\mathrm{or}} \tag{2.55}$$

4. 超渗产流子区

1）质量守恒方程

$$\frac{\mathrm{d}}{\mathrm{d}\tau}\left(\rho^{\mathrm{c}} y^{\mathrm{c}} \omega^{\mathrm{c}}\right) = e_{\mathrm{top}}^{\mathrm{c}} + e^{\mathrm{cu}} + e^{\mathrm{co}} \tag{2.56}$$

2）动量守恒方程

$$\left(\rho^{\mathrm{c}} y^{\mathrm{c}} \omega^{\mathrm{c}}\right) \frac{\mathrm{d}}{\mathrm{d}\tau} \boldsymbol{v}^{\mathrm{c}} - \rho^{\mathrm{c}} y^{\mathrm{c}} \boldsymbol{g}^{\mathrm{c}} \omega^{\mathrm{c}} = \boldsymbol{T}_{\mathrm{top}}^{\mathrm{c}} + \boldsymbol{T}^{\mathrm{cu}} + \boldsymbol{T}^{\mathrm{co}} \tag{2.57}$$

3）能量守恒方程

$$\left(\rho^{\mathrm{c}} y^{\mathrm{c}} \omega^{\mathrm{c}}\right) \frac{\mathrm{d}}{\mathrm{d}\tau} E^{\mathrm{c}} - \rho^{\mathrm{c}} y^{\mathrm{c}} h^{\mathrm{c}} \omega^{\mathrm{c}} = Q_{\mathrm{top}}^{\mathrm{c}} + Q^{\mathrm{cu}} + Q^{\mathrm{co}} \tag{2.58}$$

4）熵平衡方程

$$\left(\rho^{\mathrm{c}} y^{\mathrm{c}} \omega^{\mathrm{c}}\right) \frac{\mathrm{d}}{\mathrm{d}\tau} \eta^{\mathrm{c}} - \rho^{\mathrm{c}} y^{\mathrm{c}} b^{\mathrm{c}} \omega^{\mathrm{c}} = L^{\mathrm{c}} \omega^{\mathrm{c}} + F_{\mathrm{top}}^{\mathrm{c}} + F^{\mathrm{cu}} + F^{\mathrm{co}} \tag{2.59}$$

5. 主河道子区

1）质量守恒方程

$$\frac{\mathrm{d}}{\mathrm{d}\tau}\left(\rho^{\mathrm{r}} m^{\mathrm{r}} \xi^{\mathrm{r}}\right) = \sum_{l} e_{l}^{\mathrm{r}} + e_{\mathrm{ext}}^{\mathrm{r}} + e_{\mathrm{top}}^{\mathrm{r}} + e^{\mathrm{rs}} + e^{\mathrm{ro}} \tag{2.60}$$

2）动量守恒方程

$$\left(\rho^{\mathrm{r}} m^{\mathrm{r}} \xi^{\mathrm{r}}\right) \frac{\mathrm{d}}{\mathrm{d}\tau} \boldsymbol{v}^{\mathrm{r}} - \rho^{\mathrm{r}} m^{\mathrm{r}} \boldsymbol{g}^{\mathrm{s}} \xi^{\mathrm{r}} = \sum_{l} \boldsymbol{T}_{l}^{\mathrm{r}} + \boldsymbol{T}_{\mathrm{ext}}^{\mathrm{r}} + \boldsymbol{T}_{\mathrm{top}}^{\mathrm{r}} + \boldsymbol{T}^{\mathrm{rs}} + \boldsymbol{T}^{\mathrm{ro}} \tag{2.61}$$

3）能量守恒方程

$$\left(\rho^{\mathrm{r}} m^{\mathrm{r}} \xi^{\mathrm{r}}\right) \frac{\mathrm{d}}{\mathrm{d}\tau} E^{\mathrm{r}} - \rho^{\mathrm{r}} m^{\mathrm{r}} h_{\mathrm{w}}^{\mathrm{r}} \xi^{\mathrm{r}} = \sum_{l} Q_{l}^{\mathrm{r}} + Q_{\mathrm{ext}}^{\mathrm{r}} + Q_{\mathrm{top}}^{\mathrm{r}} + Q^{\mathrm{rs}} + Q^{\mathrm{ro}} \tag{2.62}$$

4）熵平衡方程

$$\left(\rho^{\mathrm{r}} m^{\mathrm{r}} \xi^{\mathrm{r}}\right) \frac{\mathrm{d}}{\mathrm{d}\tau} \eta^{\mathrm{r}} - \rho^{\mathrm{r}} m^{\mathrm{r}} b^{\mathrm{r}} \xi^{\mathrm{r}} = L^{\mathrm{r}} \omega^{\mathrm{r}} + \sum_{l} F_{l}^{\mathrm{r}} + F_{\mathrm{ext}}^{\mathrm{r}} + F_{\mathrm{top}}^{\mathrm{r}} + F^{\mathrm{rs}} + F^{\mathrm{ro}} \qquad (2.63)$$

式（2.48）～式（2.63）即为代表性单元流域中饱和子区、蓄满产流子区、超渗产流子区和主河道子区的质量守恒方程、动量守恒方程、能量守恒方程以及熵平衡方程。

2.3.3　基本方程简化

式（2.44）～式（2.63）为代表性单元流域五子区完整的物理量守恒宏观描述方程，即代表性单元流域水文模型的基本方程，这些方程是宏观尺度下构建流域水文模型的基础。基本方程中总的未知量个数超过了方程总个数，存在大量冗余变量，由基本方程构成的方程组为不定方程组，无法求解。同时，基本方程中的一些变量只是一个符号，并没有获得其具体表达式，无法对其进行计算。为使得代表性单元流域水文模型应用于实际流域，对以上方程进行简化与改进是理论联系实际的第一步。

1. 简化前提

为简化基本方程，作如下假定：

（1）固相物质如土壤等为静止的、刚性的、惰性的。即固相物质不发生运动和交换，内部不吸收液相物质和气相物质，不溶解于液相物质和气相物质，也不发生熔化、升华等现象。故 $v_{\mathrm{m}}^{\mathrm{u}} = v_{\mathrm{m}}^{\mathrm{s}} = 0$，$e_{\mathrm{m,side}}^{\mathrm{u}} = e_{\mathrm{m,side}}^{\mathrm{s}} = e_{\mathrm{m}}^{\mathrm{uc}} = e_{\mathrm{m}}^{\mathrm{so}} = e_{\mathrm{m}}^{\mathrm{sr}} = 0$，$e_{\mathrm{mw}}^{\mathrm{u}} = e_{\mathrm{wm}}^{\mathrm{u}} = e_{\mathrm{mg}}^{\mathrm{u}} = e_{\mathrm{gm}}^{\mathrm{u}} = e_{\mathrm{mw}}^{\mathrm{s}} = e_{\mathrm{wm}}^{\mathrm{s}} = 0$。

（2）气相物质在子系统中不发生运动，也不与外界交换。故 $v_{\mathrm{g}}^{\mathrm{u}} = 0$，$e_{\mathrm{g}A}^{\mathrm{u}} = 0$。

（3）各级子系统各项物质温度相等，且子系统为单一热力学系统，即外界输入子系统的熵只与外界输入子系统的能量有关。故 $\theta_{\alpha}^{j} = \theta$，$b_{\alpha}^{j} = \dfrac{h_{\alpha}^{j}}{\theta}$，$\theta$ 为子系统温度。

（4）相物质是不可压缩的。故 ρ_{α}^{j} 为一常数。

（5）重力加速度 g_{α}^{j} 在代表性单元流域尺度下为一常数 g。

2. 相物质简化

根据简化前提（1），系统中相变只发生在液相物质和气相物质之间，即水与水汽之间，进一步地只考虑水到水汽的相变而不考虑水汽到水的相变。故模型中只考虑蒸发蒸腾过程，而不考虑液化过程。

根据简化前提（1）和（2），基本方程可以只考虑液相物质所具有物理量的变化过程，而不考虑固相物质与气相物质所具有物理量的变化过程。故基本方程中的相物质下标可以省略，默认相物质为水体。

3. 能量守恒方程和熵平衡方程简化

根据热力学第二定律，对能量守恒方程和熵平衡方程进行简化。

热力学第二定律的 Clausius 描述为："不可能把热量从低温物体传到高温物体而不引起其他变化"。根据简化前提（3），在天然流域中，代表性单元流域水文模型中各级子系统之间以及相物质之间是不会发生能量交换的。故能量守恒方程和熵平衡方程分别简化为

$$\left(\rho_\alpha^j y^j \varepsilon^j s_\alpha^j \omega^j\right)\frac{\mathrm{d}}{\mathrm{d}\tau}E_\alpha^j - \rho_\alpha^j y^j \varepsilon^j s_\alpha^j h_\alpha^j \omega^j = 0 , \quad 即\ \frac{\mathrm{d}E_\alpha^j}{\mathrm{d}\tau} = h_\alpha^j \qquad (2.64)$$

$$\left(\rho_\alpha^j y^j \varepsilon^j s_\alpha^j \omega^j\right)\frac{\mathrm{d}}{\mathrm{d}\tau}\eta_\alpha^j - \rho_\alpha^j y^j \varepsilon^j s_\alpha^j b_\alpha^j \omega^j = 0 , \quad 即\ \frac{\mathrm{d}\eta_\alpha^j}{\mathrm{d}\tau} = b_\alpha^j \qquad (2.65)$$

式（2.64）和式（2.65）均为恒等式，故在构建水文模型时不予采用。

值得说明的是，各子系统的温度场分布在研究蒸腾、融雪等过程时是很重要的，本书构建的水文模型基本方程的描述重点是水体的运动状态，因而提出了简化前提（3），温度场分布、能量守恒和熵平衡是代表性单元流域水文模型后续研究的重要内容之一。

4. 基本方程的最终形式

经过以上简化步骤，同时将质量守恒方程两边同时除以相应物质密度，质量交换项变为体积交换项，即代表性单元流域面积上平均体积交换速率，符号仍用 e 表示，可得基本方程最终形式如下。

1）非饱和子区

质量守恒方程：

$$\frac{\mathrm{d}}{\mathrm{d}\tau}\left(y^u \varepsilon^u s^u \omega^u\right) = \sum_l e_l^u + e_{\mathrm{ext}}^u + e^{\mathrm{us}} + e^{\mathrm{uc}} + e_{\mathrm{wg}}^u \qquad (2.66)$$

式中：$y^u \varepsilon^u s^u \omega^u$ 为 u 区的含水量；y^u 为 u 区厚度；ε^u 为 u 区土壤孔隙度；s^u 为 u 区土壤饱和度；ω^u 为 u 区占代表性单元流域的面积百分比；$\sum_l e_l^u$ 为 u 区和相邻代表性单元流域之间的水量交换速率；e_{ext}^u 为 u 区和流域外部之间的水量交换

速率，当且仅当 u 区位于流域边界时该项不为零，$\sum_l e_l^{\mathrm{u}} + e_{\mathrm{ext}}^{\mathrm{u}}$ 即为 u 区中的壤中流；e^{us} 为 u 区和 s 区之间的水量交换速率，当该值为负时，表示 u 区向 s 区的地下水回灌，当该值为正时，表示 s 区向 u 区的毛管提升；e^{uc} 为 u 区和 c 区之间的水量交换速率，当该值为负时，表示 u 区供给 c 区蒸发水量的速率，当该值为正时，表示 u 区的下渗率；$e_{\mathrm{wg}}^{\mathrm{u}}$ 为 u 区水体发生相变的速率，即 u 区的蒸散发速率。

动量守恒方程：

$$\left(\rho y^{\mathrm{u}} \varepsilon^{\mathrm{u}} s^{\mathrm{u}} \omega^{\mathrm{u}} \right) \frac{\mathrm{d}}{\mathrm{d}\tau} \boldsymbol{v}^{\mathrm{u}} - \rho y^{\mathrm{u}} \varepsilon^{\mathrm{u}} s^{\mathrm{u}} \boldsymbol{g} \omega^{\mathrm{u}} = \sum_l \boldsymbol{T}_l^{\mathrm{u}} + \boldsymbol{T}_{\mathrm{ext}}^{\mathrm{u}} + \boldsymbol{T}^{\mathrm{us}} + \boldsymbol{T}^{\mathrm{uc}} + \boldsymbol{T}_{\mathrm{wm}}^{\mathrm{u}} + \boldsymbol{T}_{\mathrm{wg}}^{\mathrm{u}} \quad (2.67)$$

等号左边两项分别为 u 区水体的惯性项和重力项，等号右边分别为相邻代表性单元流域、流域外部、s 区、c 区、u 区内部土壤和 u 区内部气体对 u 区水体的作用力。

2）饱和子区

假定 s 区底部水平且与不透水层相接，s 区中的水流近似静止。

质量守恒方程：

$$\frac{\mathrm{d}}{\mathrm{d}\tau} \left(y^{\mathrm{s}} \varepsilon^{\mathrm{s}} \omega^{\mathrm{s}} \right) = \sum_l e_l^{\mathrm{s}} + e_{\mathrm{ext}}^{\mathrm{s}} + e^{\mathrm{su}} + e^{\mathrm{so}} + e^{\mathrm{sr}} \quad (2.68)$$

式中：ε^{s} 为饱和子区的土壤孔隙度，即饱和含水率；e^{so} 为 s 区和 o 区之间的水量交换速率，即外向渗流，e^{sr} 为 s 区和 r 区之间的水量交换速率；其他项意义类似式（2.66）说明。

动量守恒方程：

$$\left(\rho y^{\mathrm{s}} \varepsilon^{\mathrm{s}} \omega^{\mathrm{s}} \right) \frac{\mathrm{d}}{\mathrm{d}\tau} \boldsymbol{v} - \rho y^{\mathrm{s}} \varepsilon^{\mathrm{s}} \boldsymbol{g} \omega^{\mathrm{s}} = \sum_l \boldsymbol{T}_l^{\mathrm{s}} + \boldsymbol{T}_{\mathrm{ext}}^{\mathrm{s}} + \boldsymbol{T}_{\mathrm{bot}}^{\mathrm{s}} + \boldsymbol{T}^{\mathrm{su}} + \boldsymbol{T}^{\mathrm{so}} + \boldsymbol{T}^{\mathrm{sr}} + \boldsymbol{T}_{\mathrm{wm}}^{\mathrm{s}} \quad (2.69)$$

各项意义类似式（2.67）说明。

3）蓄满产流子区

质量守恒方程：

$$\frac{\mathrm{d}}{\mathrm{d}\tau} \left(y^{\mathrm{o}} \omega^{\mathrm{o}} \right) = e_{\mathrm{top}}^{\mathrm{o}} + e^{\mathrm{os}} + e^{\mathrm{oc}} + e^{\mathrm{or}} \quad (2.70)$$

式中：$e_{\mathrm{top}}^{\mathrm{o}}$ 为 o 区和大气之间的质量交换速率，当该值为负时，表示 o 区上的降水强度，当该值为正时，表示 o 区上的蒸发蒸腾速率；其他项意义类似式（2.66）说明。

动量守恒方程：

$$\left(\rho^{\mathrm{o}} y^{\mathrm{o}} \omega^{\mathrm{o}} \right) \frac{\mathrm{d}}{\mathrm{d}\tau} \boldsymbol{v}^{\mathrm{o}} - \rho^{\mathrm{o}} y^{\mathrm{o}} \boldsymbol{g} \omega^{\mathrm{o}} = \boldsymbol{T}_{\mathrm{top}}^{\mathrm{o}} + \boldsymbol{T}^{\mathrm{os}} + \boldsymbol{T}^{\mathrm{oc}} + \boldsymbol{T}^{\mathrm{or}} \quad (2.71)$$

各项意义类似式（2.67）说明。

4）超渗产流子区

质量守恒方程：

$$\frac{\mathrm{d}}{\mathrm{d}\tau}\left(y^{\mathrm{c}}\omega^{\mathrm{c}}\right) = e_{\mathrm{top}}^{\mathrm{c}} + e^{\mathrm{cu}} + e^{\mathrm{co}} \tag{2.72}$$

式中：$e_{\mathrm{top}}^{\mathrm{c}}$ 为 c 区和大气之间的质量交换速率，当该值为负时，表示 c 区上的降水强度，当该值为正时，表示 c 区上的蒸发蒸腾速率；其他项意义类似式（2.66）说明。

动量守恒方程：

$$\left(\rho^{\mathrm{c}}y^{\mathrm{c}}\omega^{\mathrm{c}}\right)\frac{\mathrm{d}}{\mathrm{d}\tau}v^{\mathrm{c}} - \rho^{\mathrm{c}}y^{\mathrm{c}}g\omega^{\mathrm{c}} = \boldsymbol{T}_{\mathrm{top}}^{\mathrm{c}} + \boldsymbol{T}^{\mathrm{cu}} + \boldsymbol{T}^{\mathrm{co}} \tag{2.73}$$

各项意义类似式（2.67）说明。

5）主河道子区

质量守恒方程：

$$\frac{\mathrm{d}}{\mathrm{d}\tau}\left(m^{\mathrm{r}}\xi^{\mathrm{r}}\right) = \sum_{l}e_{l}^{\mathrm{r}} + e_{\mathrm{ext}}^{\mathrm{r}} + e_{\mathrm{top}}^{\mathrm{r}} + e^{\mathrm{rs}} + e^{\mathrm{ro}} \tag{2.74}$$

式中：$\sum\limits_{l}e_{l}^{\mathrm{r}} + e_{\mathrm{ext}}^{\mathrm{r}}$ 为 r 区和相邻代表性单元流域和流域外部之间的水量交换速率，其中负值项表示入流流量，正值项表示出流流量；$e_{\mathrm{top}}^{\mathrm{r}}$ 为 r 区和大气之间的质量交换速率，当该值为负时，表示河面上的降水强度，当该值为正时，表示水面蒸发速率；其他项意义类似式（2.66）说明。

动量守恒方程：

$$\left(\rho^{\mathrm{r}}m^{\mathrm{r}}\xi^{\mathrm{r}}\right)\frac{\mathrm{d}}{\mathrm{d}\tau}v^{\mathrm{r}} - \rho^{\mathrm{r}}m^{\mathrm{r}}g\xi^{\mathrm{r}} = \sum_{l}\boldsymbol{T}_{l}^{\mathrm{r}} + \boldsymbol{T}_{\mathrm{ext}}^{\mathrm{r}} + \boldsymbol{T}_{\mathrm{top}}^{\mathrm{r}} + \boldsymbol{T}^{\mathrm{rs}} + \boldsymbol{T}^{\mathrm{ro}} \tag{2.75}$$

各项意义类似式（2.67）说明。

式（2.66）～式（2.75）即为代表性单元流域中非饱和子区、饱和子区、蓄满产流子区、超渗产流子区和主河道子区简化后的质量守恒方程及动量守恒方程，也就是模型的基本方程。

第3章 代表性单元流域水文模型本构关系

降雨-径流模拟的进展与新资料的获得以及新的实验工作密切相关，以这个结论来总结对模拟的回顾也许显得奇怪，但这门科学的现状就是这样。

——*George Hornberger & Beth Boyer, 1995*

由微观尺度描述物理量守恒的 Euler 方程推导而来的代表性单元流域水文模型基本方程是描述水体运动过程中质量守恒和动量守恒的动力学一般公理，是流域水文响应和水文循环过程必须遵循的物质守恒条件和力学相容约束。但这些方程中所包含的未知量个数大于方程个数，致使方程组只有"定性"的内涵而无"定量"的意义。为将理论联系实际，使得代表性单元流域水文模型应用于实际流域，能够模拟天然流域的水文循环过程，必须对基本方程组补充其他计算关系式，即反映流域水文本构关系的一系列几何特征和物理特征的数学表达式。

模型的基本方程是建立在代表性单元流域尺度上的，是基于宏观尺度的方程，因而以往建立在点尺度上的本构关系无法直接与基本方程相耦合。为使建立的方程组封闭，必须另外建立宏观尺度的本构关系。理论上，这些本构关系满足水文响应的物理本质，反映宏观尺度下气象输入、土地覆被、地形地貌以及土壤类型的时空不均匀性；本质上，这些本构关系是点尺度下本构关系的升尺度表达，两种表达之间难以通过公式推导实现理论转换，只能通过实验、统计物理学方法、数值试验和实地观测分别获得。

本章介绍水文学本构关系的含义及微观尺度水文学本构关系与宏观尺度水文学本构关系之间的区别，总结建立宏观尺度水文学本构关系的方法，并采用这些方法建立若干流域尺度下水文学本构关系。根据流域水文本构关系中的几何特征和物理特征给出了基本方程中一些变量的具体计算方法以及某些变量之间的关系，同时标量化了基本方程中的动量方程，使得第 2 章建立的基本方程组得以封闭，最终建立代表性单元流域水文模型。

3.1　流域水文本构关系的含义及其研究方法

3.1.1　本构关系的含义

本构关系（constitutive relation），又称本构方程（constitutive equation），是反映物质性质的数学模型。到目前为止，尚未找到一个普适的本构关系来描述所有物质的共性，因而某种物质的本构关系就只能是其自身所具有抽象特性的具体数学表达。最熟知的本构关系有描述固体形变与引起形变外力之间关系的胡克定律，描述流体流动过程中流体层产生的剪应力与法向速度梯度之间关系的牛顿黏性定律，描述理想气体状态变化规律即理想气体质量、压强、体积和热力学温度之间关系的理想气体状态方程以及描述介质中热量传递与温度场分布之间关系的热传导方程等。水文学与水力学中也存在着诸多本构关系，除了上面提到的牛顿黏性定律外，Darcy 定律、Chézy 公式、土壤水分特征曲线等都是较为常见的本构关系。Darcy 定律反映了土壤中水流速度与土水势梯度之间的线性关系，即在低流速条件下土壤介质对水流的阻力与水流速度的一次方成正比，是关于多孔介质中水流运动特性的认识；Chézy 公式反映了明渠水流流速与水力坡度之间的平方根关系，即明渠水流的阻力与流速的平方成正比，是关于明渠水流运动特性的认识；土壤水分特征曲线随着土壤类型、结构、质地、温度等变化而变化，是关于土壤水能量和土壤水含量之间关系的认识。本章研究的流域水文本构关系是水文学本构关系的一个重要组成部分，其主要内容为描述流域尺度下水文学中的几何关系和物理关系的一系列数学模型。

3.1.2　研究方法

目前已有的水文学和水力学本构关系大多是点尺度的本构关系，如前文提到的 Darcy 定律、Chézy 公式等都是针对水流中某一点所建立的函数关系，当研究尺度上升为宏观大范围水体时，这些微观尺度的本构关系将不再适用。为与代表性单元流域尺度下的基本方程相匹配，必须建立流域尺度下的水文学本构关系。建立宏观尺度下的水文学本构关系的方法大致有以下几种：

（1）实验法。实验法一般通过实验室实验或小范围田间实验得到水文循环过程实测数据，分析所得数据并拟合变量之间的函数关系，从而获得流域尺度水文学本构关系。针对一个具体的研究区域，通过实验法来获得流域尺度本构关系是最为合适的。这是因为流域水文循环过程包含了大量的非线性过程和阈值行为，这就意味着通过对微观尺度本构关系进行"升尺度"转换到宏观尺度本构关系是极为困难的，而实验法是直接分析实测数据的，得到的本构关系正是宏观尺度流域水文循环过程的某种自然属性的表现，避免了"升尺度"方法带来的复杂推导以及可能会发生的推导结果与实测结果之间不一致的现象。如 Lee 等[80]以德国的 Weiherbach 流域为研究对象，通过实验法获得了该流域宏观尺度下土壤水分运动参数、外向渗流等本构关系。实验法要求实验过程中获得较为充分的实测资料，如详尽的降雨、径流、蒸发蒸腾资料以及流域各个子系统内部的状态变量数据。就目前测量技术而言，获得大范围高精度的水文气象、地下水运动过程等方面的资料还比较困难，所以实验法虽然是建立流域水文本构关系较为合适的方法，但同时也是较难实现的方法。

（2）理论分析法。理论分析法主要是通过对点尺度等微观尺度的本构关系进行"升尺度"的数学处理，从而获得流域尺度等宏观尺度的本构关系。在"升尺度"处理中，最为常用的方法是 Dagan[81]、Attinger[82]和 Lunati 等[83]提出的基于关键性参数可能性分布的粗粒化处理方法。很多时候"升尺度"方法得到的宏观尺度本构关系中的参数与微观尺度本构关系中的参数相对应，这给参数率定带来很大的方便，因为这些参数可以通过对具体流域的植被类型、土壤水力特性、地形地貌等客观因素分析而得到。如 Reggiani 等[55]在热力学第二定律的基础上根据微观尺度的经验关系式直接推导了宏观尺度本构关系。理论分析法的主要工作是进行严密的数学推导和逻辑分析，推导分析过程较为困难。

（3）数值模拟法。数值模拟法主要通过数值求解点尺度等微观尺度下的数学物理方程，运用蒙特卡罗模拟方法考虑参数的空间变异性，对大量数值试验的结果进行统计分析，从而得到代表性单元流域尺度等宏观尺度下的本构关系。如田富强等[7]运用数值模拟法建立了无定河岔巴沟流域的若干本构关系。Mou 等[84]针对乌鲁木齐河上游建立的一些本构关系也是采用数值模拟法。数值模拟法主要采用的是随机过程的原理，是目前建立宏观尺度本构关系较为有效的方法，但其理论意义尚需大量实测结果来进一步完善。

归纳以上三种方法，在建立宏观尺度下的本构关系时通常是互为补充的，这三种方法往往需要综合运用。在有充足实测资料时，实验法是建立本构关系的有力工具，理论分析法和数值模拟法给予其理论支持和引导；在理论分析法得出本构关系时，实验法和数值模拟法为其提供验证数据；在采用实验法和理论分析法缺乏条件时，数值模拟法又成为建立宏观尺度本构关系的主要途径，实验法和理论分析法对其提供相应补充。本书综合应用以上三种方法，根据前人研究成果，归纳和建立了若干反映宏观尺度下流域几何特征和物理特征的流域水文本构关系。

3.2　流域几何特征

3.2.1　代表性单元流域概化

为直观方便地研究流域几何特征，在不改变流域几何特征的前提下，将图 2.4 所示的代表性单元流域概化为形状规则的几何体，其横断面如图 3.1 所示。图 3.1 中四条虚线由上而下分别表示流域地表平均高程、流域地下水平均水位、流域河床平均高程和高程基面。流域地下水平均水位以上至地表的空间为 u 区，u 区表层为 c 区，地下水位以下至不透水层为 s 区，s 区表层为 o 区，r 区存在于 o 区表层最低处。在研究流域几何特征时，r 区相对于整个流域来说可以忽略其表面积和体积。图中 z_{surf} 表示代表性单元流域地表平均高程，z^r 表示河床平均高程，z^s 表示不透水层平均高程，y^u 表示 u 区厚度，y^s 表示 s 区厚度，其余变量同 2.2 节所述。

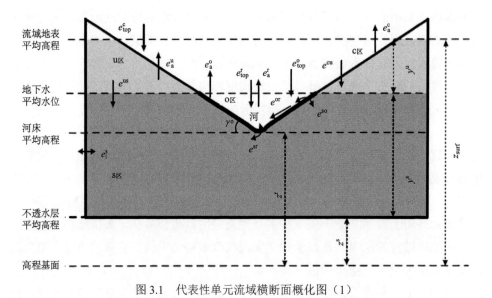

图 3.1　代表性单元流域横断面概化图（1）

3.2.2　几何特征

1）蓄满产流子区面积百分比 ω^o

Sivapalan 等[85]根据 TOPMODEL 原理[78,86]提出对于流域地表任意一点 i 达到饱和状态时，该点地下水埋深与地形指数有如下关系：

$$\overline{y^{u}}(t) = \frac{1}{f}\left\{\ln\left[a/(\tan\beta)\right] - \overline{\lambda}\right\} + |\Psi_b| \tag{3.1}$$

式中：$\overline{y^{u}}(t)$ 为地下水埋深平均值；f 为随深度增加而呈指数递减的控制参数；$\ln\left[a/(\tan\beta)\right]$ 为 TOPMODEL 中的地形指数；$\overline{\lambda}$ 为地形指数的面平均值；$|\Psi_b|$ 为泡点压力落差。

蓄满产流面积随着地下水埋深的增大而增加，随着地下水埋深的减小而减少。对应 ω^{o} 由 0 变化到 1，则地下水埋深 $y^{u}(t)$ 由最小 y^{u}_{min} 变化到最大 y^{u}_{max}，即

$$\frac{1}{f}\left\{\ln\left[a/(\tan\beta)\right]_{min} - \overline{\lambda}\right\} + |\Psi_b| \leqslant y^{u}(t) \leqslant \frac{1}{f}\left\{\ln\left[a/(\tan\beta)\right]_{max} - \overline{\lambda}\right\} + |\Psi_b| \tag{3.2}$$

由图 3.1 可得

$$y^{u}(t) = z_{surf} - z^{s} - y^{s}(t) \tag{3.3}$$

将式（3.3）代入式（3.2）可得

$$-\frac{1}{f}\left\{\ln\left[a/(\tan\beta)\right]_{max} - \overline{\lambda}\right\} \leqslant y^{s}(t) - (z_{surf} - z^{s}) + |\Psi_b| \leqslant -\frac{1}{f}\left\{\ln\left[a/(\tan\beta)\right]_{min} - \overline{\lambda}\right\} \tag{3.4}$$

蓄满产流面积百分比可通过对饱和点的地形指数从最小值到最大值积分求得[85]，即

$$\omega^{o} = \int_{l_i\big|_{y_i^{u}(t)=|\Psi_b|}}^{l_{max}} p_l(l_i)\mathrm{d}l \tag{3.5}$$

式中：l 为地形指数；l_i 为 i 点的地形指数；l_{max} 为地形指数最大值；$y_i^{u}(t)$ 为 i 点 t 时刻的地下水埋深；$p_l(l_i)$ 为地形指数分布的概率密度函数。

理论上联立式（3.4）和式（3.5）即可得到 ω^{o} 的计算表达式，但实际上由于无法获得地形指数分布概率密度函数 $p_l(l_i)$ 的解析表达式，因而无法求得 ω^{o} 的解析表达式。但根据式（3.4）和式（3.5）可知，ω^{o} 为 $\left[y^{s}(t) - (z_{surf} - z^{s}) + |\Psi_b|\right]$ 的函数，因此可以通过曲线拟合 $\omega^{o} \sim \left[y^{s}(t) - (z_{surf} - z^{s}) + |\Psi_b|\right]$ 之间的关系来获得 ω^{o} 的计算表达式。

Lee 等[56]在拟合饱和带面积百分比与饱和带厚度关系时得到的拟合关系式为

$$\omega^{o} = \frac{1}{\beta_1^{\omega^{o}} + \beta_2^{\omega^{o}} e^{\beta_3^{\omega^{o}}(y^{s} - Z + |\Psi_b|)}} \tag{3.6}$$

式中：ω^{o} 为饱和带面积百分比；$\beta_1^{\omega^{o}}$、$\beta_2^{\omega^{o}}$、$\beta_3^{\omega^{o}}$ 为参数；y^{s} 为饱和带厚度；Z

为土壤厚度；$|\varPsi_b|$ 为泡点压力落差。

本书采用式（3.6）来计算 ω^o 的值，同时加入以下两个边界条件：①饱和子区顶部低于河底高程，即地下水水位低于河底高程时，蓄满产流子区面积百分比为 0；②当饱和子区厚度等于整个代表性单元流域土层厚度时，蓄满产流子区面积百分比为 1。如下式所示：

$$\omega^o = \begin{cases} 0 & y^s \leqslant z^r - z^s \\ 1 & y^s = z_{surf} - z^s \end{cases} \tag{3.7}$$

将式（3.7）代入式（3.6），整理后得蓄满产流子区面积百分比数学表达式为

$$\omega^o = \begin{cases} 0 & y^s \leqslant z^r - z^s \\ \dfrac{1}{\beta_1^{\omega^o} + \beta_2^{\omega^o} e^{\beta_3^{\omega^o}\left[y^s - (z_{surf}-z^s) + |\varPsi_b|\right]}} - \dfrac{1}{\beta_1^{\omega^o} + \beta_2^{\omega^o} e^{\beta_3^{\omega^o}\left[(z^r-z^s) - (z_{surf}-z^s) + |\varPsi_b|\right]}} \\ \hspace{6cm} z^r - z^s < y^s < z_{surf} - z^s \\ 1 & y^s = z_{surf} - z^s \end{cases} \tag{3.8}$$

2）超渗产流子区面积百分比 ω^c

由五子区划分法所给出的超渗产流子区定义可知

$$\Sigma^o + \Sigma^c = \Sigma \tag{3.9}$$

式中：Σ^o 为 o 区在水平面上的投影；Σ^c 为 c 区在水平面上的投影；Σ 为整个代表性单元流域在水平面上的投影。

式（3.9）两边同时除以 Σ，则有

$$\omega^o + \omega^c = 1，即 \omega^c = 1 - \omega^o \tag{3.10}$$

3）非饱和子区面积百分比 ω^u

由五子区划分法所给出的超渗产流子区定义及图 3.1 可知

$$\omega^u = \omega^c \tag{3.11}$$

4）饱和子区面积百分比 ω^s

由五子区划分法所给出的饱和子区定义及图 3.1 可知

$$\omega^s = 1 \tag{3.12}$$

5）非饱和子区厚度 y^u

由五子区划分法所给出的非饱和子区和饱和子区的定义及图 3.1 可知

$$y^u = (z_{surf} - z^s) - y^s \tag{3.13}$$

6）河网密度 ξ^r

根据 Reggiani 等[55]的研究，认为 Strahler 分级法中的一级河流的河网密度 ξ^r

是河道横断面面积 m^r 的函数，即

$$\xi^r = \xi^r\left(m^r\right) \tag{3.14}$$

二级及以上河流的河网密度为一常数，

$$\xi^r = \text{const} \tag{3.15}$$

式中：ξ^r 的具体值可以根据实际资料获得。

7）主河道平均深度 y^r

主河道平均深度 y^r 为主河道中流量的函数，即

$$y^r = y^r\left(m^r v^r\right) = a\left(m^r v^r\right)^b \tag{3.16}$$

式中：v^r 为主河道的流速；a，b 为参数。

8）主河道平均宽度 w^r

主河道平均宽度 w^r 也为主河道中流量的函数，即

$$w^r = w^r\left(m^r v^r\right) = c\left(m^r v^r\right)^d \tag{3.17}$$

式中：c，d 为参数。

以上内容为流域主要的几何特征。通过以上分析可知，在诸多描述流域几何特征的变量中独立的自变量只有三个：y^s、m^r、v^r，其余变量均为这三个变量的应变量，可以通过这三个变量、八个几何特征以及上面提到的若干参数联合计算求得。

3.3　流域物理特征

3.3.1　质量项数学表达

1）下渗率 e^{cu}

在一次降水过程中，下渗量的大小主要取决于两个因素：降水强度和下渗能力。降水强度可以由实测资料获得，下渗能力则与土壤含水率的大小及其分布有关。

Bresler 和 Dagan[87]认为饱和水力传导度的空间分布是影响流域各点下渗量大小的决定性因素。Rogers[88]参考了 Bresler 和 Dagan 的研究成果，根据 Green-Ampt 模型下渗量的计算方法提出了空间平均下渗能力计算方法，如下式所示：

$$\overline{f^*} = \overline{K_s}\left[1 + \alpha\frac{\left|\Psi_f\right|\left(\theta_s - \theta_i\right)}{\overline{F}}\right] \tag{3.18}$$

式中：$\overline{f^*}$ 为流域空间平均下渗能力；$\overline{K_s}$ 为流域平均饱和水力传导度；α 为一与

水力传导度空间分布有关的尺度参数；$\left|\Psi_f\right|$ 为湿锋处的土壤基质势；θ_s 为土壤饱和含水率；θ_i 为土壤初始含水率；$\overline{F}$ 为流域空间平均累积下渗量。

在代表性单元流域中，下渗过程发生在 c 区和 u 区之间，将式（3.18）应用于 u 区，可得

$$\overline{f^{u}} = \overline{K_s^{u}}\left[1 + \alpha^{cu}\frac{\left|\Psi\right|\left(\theta_s^{u} - \theta_i^{u}\right)}{\overline{F^{u}}}\right] \tag{3.19}$$

式中：$\overline{f^{u}}$ 为 u 区空间平均下渗能力；$\overline{K_s^{u}}$ 为 u 区平均饱和水力传导度；α^{cu} 为一与 u 区水力传导度空间分布有关的尺度参数；$\left|\Psi\right|$ 为 u 区平均土壤基质势；θ_s^{u} 为 u 区土壤饱和含水率；θ_i^{u} 为 u 区土壤初始含水率；$\overline{F^{u}}$ 为 u 区空间平均累积下渗量。

Lee 等[56]在考虑土壤空间变异性的情况下，得出平均土壤基质势与饱和度的拟合关系式为

$$\left|\Psi\right| = \beta_1^{\left|\Psi\right|}\left(s^{u}\right)^{-\beta_2^{\left|\Psi\right|}} \tag{3.20}$$

式中：$\left|\Psi\right|$ 为 u 区平均土壤基质势；s^{u} 为 u 区饱和度；$\beta_1^{\left|\Psi\right|}$ 为泡点压力；$\beta_2^{\left|\Psi\right|}$ 为孔隙尺寸分布指数。

$\theta_s^{u} - \theta_i^{u}$ 为 u 区饱和含水率与初始含水率之差，故有

$$\theta_s^{u} - \theta_i^{u} = \left(1 - s^{u}\right)\varepsilon^{u} \tag{3.21}$$

式中：s^{u} 为 u 区饱和度；ε^{u} 为 u 区孔隙度。

$\overline{F^{u}}$ 为 u 区空间平均累积下渗量，故有

$$\overline{F^{u}} = s^{u}y^{u} \tag{3.22}$$

将式（3.20）～式（3.22）代入式（3.19），可得 u 区平均下渗能力计算式

$$\overline{f^{u}} = \overline{K_s^{u}}\left[1 + \alpha^{cu}\frac{\beta_1^{\left|\Psi\right|}\left(s^{u}\right)^{-\beta_2^{\left|\Psi\right|}}\left(1 - s^{u}\right)\varepsilon^{u}}{s^{u}y^{u}}\right] \tag{3.23}$$

实际下渗率为降水强度与下渗能力二者中较小者，即

$$e^{cu} = \min\left(i\omega^{u}, \omega^{u}\overline{K_s^{u}}\left[1 + \alpha^{cu}\frac{\beta_1^{\left|\Psi\right|}\left(s^{u}\right)^{-\beta_2^{\left|\Psi\right|}}\left(1 - s^{u}\right)\varepsilon^{u}}{s^{u}y^{u}}\right]\right) \tag{3.24}$$

式中：e^{cu} 为实际下渗率；i 为降水强度；ω^{u} 为 u 区水平投影面积占整个代表性单元流域水平投影面积的百分比。

2）蒸发蒸腾率 e_{wg}^u

蒸发蒸腾率的大小主要取决于两个因素：土壤植被的蒸散发能力和土壤供水能力。

土壤植被的蒸散发能力可由双源蒸散发模型[89-91]进行计算：

$$E_T = e_p + M\overline{e_v} \tag{3.25}$$

式中：E_T 为土壤植被蒸散发能力总和；e_p 为土壤蒸发能力；M 为植被占地表面积百分比；$\overline{e_v}$ 为植被空间平均蒸腾能力。

对于具体流域而言，$\overline{e_v}$ 一般为一常量，且等于植被多年平均蒸腾能力 $\overline{e_{pv}}$，而 $\overline{e_{pv}}$ 和 $\overline{e_p}$ 存在如下关系：

$$\overline{e_{pv}} = k_v\overline{e_p} \tag{3.26}$$

式中：k_v 为二者比值；$\overline{e_p}$ 为该流域土壤多年平均蒸发能力。

因而，

$$E_T = e_p + Mk_v\overline{e_p} \tag{3.27}$$

在资料充分时，e_p 和 $\overline{e_p}$ 可根据 Penman-Monteith 公式[92-96]分别计算，在无资料或缺资料地区，e_p 和 $\overline{e_p}$ 可用水面蒸发能力和水面多年平均蒸发能力近似代替。

Eagleson 等[97-103]认为土壤供水能力 $f_{E_T}^*$ 分为两个部分，向植被供水能力和向土壤供水能力。当供水充足时，向植被供水能力即为植被蒸腾能力 Me_v。向土壤供水能力 f_e^* 可用下式计算，该式由 Eagleson 等[97-103]求解 Philip 等[104]的描述一维垂向非饱和土壤水运动方程而得到。

$$f_e^* \approx \frac{1}{2}S_e t^{-\frac{1}{2}} - Me_v \tag{3.28}$$

式中：f_e^* 为向土壤供水能力；S_e 为土壤反渗吸附能力；M 为植被占地表面积百分比；e_v 为植被蒸腾能力。

所以有

$$f_{E_T}^* = f_e^* + Me_v = \left(\frac{1}{2}S_e t^{-\frac{1}{2}} - Me_v\right) + Me_v = \frac{1}{2}S_e t^{-\frac{1}{2}} = \frac{1}{2}S_{er}K_s^{\frac{1}{2}}t^{-\frac{1}{2}} \tag{3.29}$$

式中：S_{er} 为土壤反渗吸附系数；K_s 为土壤饱和水力传导度。

所以土壤空间平均供水能力 $\overline{f_{E_T}^*}$ 为

$$\overline{f_{E_T}^*} = \frac{1}{2}S_{er}\overline{K_s^{\frac{1}{2}}}t^{-\frac{1}{2}} \tag{3.30}$$

对式（3.30）在区间 $[0,t]$ 上积分，即可得到土壤空间平均供水量 $\overline{F_{E_T}}$ 的表达式

$$\overline{F_{E_T}} = S_{er} \overline{K_s^{\frac{1}{2}}} t^{\frac{1}{2}}$$ (3.31)

将式（3.30）和式（3.31）相乘可得

$$\overline{f_{E_T}^*} \, \overline{F_{E_T}} = \frac{1}{2} S_{er}^2 \left(\overline{K_s^{\frac{1}{2}}} \right)^2 , \quad \text{即} \quad \overline{f_{E_T}^*} = \frac{1}{2} \frac{S_{er}^2 \left(\overline{K_s^{\frac{1}{2}}} \right)^2}{\overline{F_{E_T}}}$$ (3.32)

Rogers[88]等认为饱和水力传导度 K_s 空间上服从对数正态分布，因而有

$$\left(\overline{K_s^{\frac{1}{2}}} \right)^2 = \overline{K_s} \mathrm{e}^{\left(-\frac{\sigma_n^2}{4} \right)}$$ (3.33)

式中：$\overline{K_s}$ 为空间平均饱和水力传导度；σ_n^2 为饱和水力传导度的对数方差。

将式（3.33）代入式（3.32），得

$$\overline{f_{E_T}^*} = \frac{1}{2} \frac{S_{er}^2 \overline{K_s} \mathrm{e}^{\left(-\frac{\sigma_n^2}{4} \right)}}{\overline{F_{E_T}}}$$ (3.34)

Eagleson 等[97-103]对土壤反渗吸附系数给出如下定义：

$$S_{er} = 2s_0 \left(\frac{|\Psi_b| \varepsilon s_0^d \phi_e}{\beta_2^{|\Psi|} \pi} \right)^{\frac{1}{2}}$$ (3.35)

式中：s_0 为土壤初始饱和度；$|\Psi_b|$ 为泡点压力；ε 为土壤孔隙度；d 为扩散指数；ϕ_e 为无量纲反渗吸附率；$\beta_2^{|\Psi|}$ 为孔隙尺寸分布指数；π 为圆周率。

将式（3.35）代入式（3.34），可得

$$\overline{f_{E_T}^*} = \left[\frac{2\phi_e}{\pi} \mathrm{e}^{\left(-\frac{\sigma_n^2}{4} \right)} \right] \frac{\overline{K_s}}{\overline{F_{E_T}}} \frac{s_0^{d+2} \varepsilon |\Psi_b|}{\beta_2^{|\Psi|}}$$ (3.36)

u 区土壤空间平均供水量 $\overline{F_{E_T}}$ 可以表示为

$$\overline{F_{E_T}} \approx \left(1 - s^u \right) y^u$$ (3.37)

式中：s^u 为 u 区饱和度；y^u 为 u 区平均厚度。

再令

$$\alpha_{\mathrm{wg}}^{\mathrm{u}} = \frac{2\phi_e}{\pi} \mathrm{e}^{\left(-\frac{\sigma_n^2}{4}\right)} \tag{3.38}$$

将式（3.37）和式（3.38）代入式（3.36），可得 u 区土壤空间平均供水能力为

$$\overline{f_{E_T}^*} = \alpha_{\mathrm{wg}}^{\mathrm{u}} \frac{\overline{K_{\mathrm{u}}^{\mathrm{s}}}}{\left(1-s^{\mathrm{u}}\right) y^{\mathrm{u}}} \frac{s_0^{d+2} \varepsilon^{\mathrm{u}} \left|\varPsi_{\mathrm{b}}\right|}{\beta_2^{|\psi|}} \tag{3.39}$$

对于无量纲反渗吸附率 ϕ_e，Eagleson 等[97-103]给出的定义为

$$\phi_e = 1.85 s_0^{-1.85-d} \int_0^{s_0} s^d \left(s_0 - s\right)^{0.85} \mathrm{d}s \tag{3.40}$$

本书认为在资料充分时参数 $\alpha_{\mathrm{wg}}^{\mathrm{u}}$ 可以根据式（3.38）和式（3.40）计算求得。

但一般情况下，一个流域的土壤饱和水力传导度空间分布情况难以获得，因而参数 $\alpha_{\mathrm{wg}}^{\mathrm{u}}$ 难以通过精确计算获得，故其值只能通过率定得到。

实际蒸发蒸腾率为土壤植被的蒸散发能力和土壤供水能力二者中较小者，即

$$e_{\mathrm{wg}}^{\mathrm{u}} = \min\left[\left(e_p + Mk_v \overline{e_p}\right) \omega^{\mathrm{u}}, \alpha_{\mathrm{wg}}^{\mathrm{u}} \frac{\omega^{\mathrm{u}} \overline{K_{\mathrm{u}}^{\mathrm{s}}}}{\left(1-s^{\mathrm{u}}\right) y^{\mathrm{u}}} \frac{s_0^{d+2} \varepsilon^{\mathrm{u}} \left|\varPsi_{\mathrm{b}}\right|}{\beta_2^{|\psi|}} \right] \tag{3.41}$$

3）地下水回灌率 e^{us} 或毛管提升率 e^{su}

质量交换项 e^{us} 或 e^{su} 表示 u 区和 s 区之间的质量交换。当 e^{us} 为正时，e^{su} 则为负，表示地下水回灌；当 e^{su} 为正时，e^{us} 则为负，表示毛管提升。这两个变量数值相等、符号相反且与 u 区土壤水垂向流动速度 v_z^{u} 有关。当 v_z^{u} 方向向下时，e^{us} 为正；v_z^{u} 方向向上时，e^{su} 为正。

地下水回灌率 e^{us} 或毛管提升率 e^{su} 采用下式[80]计算：

$$e^{\mathrm{us}} = -e^{\mathrm{su}} = \alpha^{\mathrm{us}} \omega^{\mathrm{u}} v_z^{\mathrm{u}} \tag{3.42}$$

式中：α^{us} 为一参数，对一个具体流域而言为一定值；v_z^{u} 为 u 区土壤水垂向流动速率。

4）超渗坡面流 e^{co} 和饱和坡面流 e^{or}

Lee 等在研究坡面流流量与坡面流水深及流速的关系时，得到以下两个公式[80]：

$$e^{\mathrm{co}} = \alpha^{\mathrm{co}} \xi^{\mathrm{r}} y^{\mathrm{c}} v^{\mathrm{c}} \tag{3.43}$$

$$e^{\mathrm{or}} = \alpha^{\mathrm{or}} \xi^{\mathrm{r}} y^{\mathrm{o}} v^{\mathrm{o}} \tag{3.44}$$

式中：α^{co}、α^{or} 为参数；ξ^{r} 为河网密度；y^{c}、y^{o} 分别为 c 区、o 区的厚度及坡面流水深；v^{c}、v^{o} 分别为 c 区、o 区的水流速率。

本书采用式（3.43）和式（3.44）计算超渗坡面流 e^{co} 和饱和坡面流 e^{or}。

5）渗流 e^{so}

渗流 e^{so} 的计算采用 Lee 等[80]建立的渗流与土壤饱和度及基质势之间的关

系式

$$e^{so} = \alpha \left(\frac{S}{|\Psi|} \right)^{\beta} = \alpha_1^{so} \overline{K_s}^{\alpha_2^{so}} \left(\frac{S}{|\Psi|} \right)^{\alpha_3^{so}} \tag{3.45}$$

式中：α、β、α_1^{so}、α_2^{so} 和 α_3^{so} 为参数；$\overline{K_s}$ 为非饱和区空间平均饱和水力传导度；S 为流域平均饱和度；$|\Psi|$ 为非饱和区基质势。

根据饱和度定义，在代表性单元流域中有

$$S = \frac{V_w}{V_w + V_g} = \frac{V_w^u + V_w^s}{(V_w^u + V_g^u) + V_w^s} = \frac{y^u \omega^u \Sigma \varepsilon^u s^u + y^s \omega^s \Sigma \varepsilon^s}{y^u \omega^u \Sigma \varepsilon^u + y^s \omega^s \Sigma \varepsilon^s} = \frac{y^u \omega^u \varepsilon^u s^u + y^s \omega^s \varepsilon^s}{y^u \omega^u \varepsilon^u + y^s \omega^s \varepsilon^s} \tag{3.46}$$

式中各项意义同前文所述。

$|\Psi|$ 由式（3.20）计算。

将式（3.20）和式（3.46）代入式（3.45），可得渗流计算表达式

$$e^{so} = \omega^o \alpha_1^{so} \overline{K_s^u}^{\alpha_2^{so}} \left[\frac{y^u \omega^u \varepsilon^u s^u + y^s \omega^s \varepsilon^s}{\left(y^u \omega^u \varepsilon^u + y^s \omega^s \varepsilon^s \right) \beta_1^{|\Psi|} \left(s^u \right)^{-\beta_2^{|\Psi|}}} \right]^{\alpha_3^{so}} \tag{3.47}$$

文献[80]认为式（3.46）可以进一步简化为

$$S = \frac{y^u \omega^u \varepsilon^u s^u + y^s \omega^s \varepsilon^s}{y^u \omega^u \varepsilon^u + y^s \omega^s \varepsilon^s} = \frac{y^u \omega^u s^u + y^s}{z_{surf} - z^s} = \frac{y^u \omega^u s^u + y^s}{Z}$$

式中：Z 为 u 区和 s 区厚度总和，即土壤厚度。本书认为只有在代表性单元流域横断面概化为矩形时上式才能成立，因而对式（3.47）不作类似简化。

6）河道入流和出流 $\sum_l e_l^r + e_{ext}^r$

根据连续性方程，河道入流和出流可采用下式计算：

$$\sum_l e_l^r + e_{ext}^r = \sum_l \frac{m_l^r v_l^r}{\Sigma} - \frac{m^r v^r}{\Sigma} \tag{3.48}$$

式中：m^r、m_l^r 分别为该代表性单元流域及第 l 个与该代表性单元流域相邻的代表性单元流域的主河道横断面面积；v^r、v_l^r 分别为该代表性单元流域及第 l 个与该代表性单元流域相邻的代表性单元流域的主河道流速；Σ 为该代表性单元流域在水平面上的投影面积。

7）蓄满产流子区、超渗产流子区及主河道子区降水率或蒸发率 e_{top}^o、e_{top}^c 及 e_{top}^r

Reggiani 等[55]认为蓄满产流子区、超渗产流子区、主河道子区这三个子区与大气之间的作用是相类似的，即降水在这三个子区引起的水文响应以及这三个子

区发生蒸发过程的机理相类似，且质量交换率与三个子区的面积呈线性关系。因而本书采用以下三个计算公式计算在这三个子区上的降水率或蒸发率：

$$e_{top}^{o} = \omega^{o} J \tag{3.49}$$

$$e_{top}^{c} = \omega^{c} J \tag{3.50}$$

$$e_{top}^{r} = \xi^{r} w^{r} J \tag{3.51}$$

式中：ξ^{r} 是河网密度；w^{r} 为河道平均宽度；J 为大气与三个子区的单位面积质量交换率，即单位面积降水强度或单位面积蒸发率。

8）地下水和河水之间的补给 e^{sr}

地下水和河水之间的补给量与地下水水位及河道水位相关。当地下水补给河水时，随着地下水水位升高，补给量增大；当河水补给地下水时，随着地下水水位升高，补给量减小。由于地下水在饱和子区内部流速很小，本书认为该补给量为一不变量 q_s，即

$$e^{sr} = -e^{rs} = q_s \tag{3.52}$$

q_s 可从实测资料或相关文献中获得。

9）代表性单元流域之间及其与外界的地下水交换率 $\sum_{l} e_l^{u} + e_{ext}^{u}$ 和 $\sum_{l} e_l^{s} + e_{ext}^{s}$

本书基于子流域划分代表性单元流域，认为每个代表性单元流域都是一封闭子流域，并且认为整个流域为一封闭流域，同时又由于饱和子区中水流速度很小，故认为代表性单元流域与外界的质量交换只发生在降水、蒸发以及主河道入流出流过程中，代表性单元流域之间的质量交换只发生在主河道入流出流过程中。故

$$\sum_{l} e_l^{u} + e_{ext}^{u} = \sum_{l} e_l^{s} + e_{ext}^{s} = 0 \tag{3.53}$$

将以上归纳建立的九点质量项本构关系代入 2.3.3 节第 4 点中的质量守恒方程，使方程中的质量交换项具体化，可以得到以下五个模型方程。

1）非饱和子区质量守恒方程

$$\underbrace{\frac{\mathrm{d}}{\mathrm{d}\tau}\left(y^{u}\varepsilon^{u}s^{u}\omega^{u}\right)}_{\text{u区水量变化率}} = \underbrace{\alpha^{us}\omega^{u}v_z^{u}}_{\substack{\text{地下水回灌率}e^{us}\\\text{或毛管提升率}e^{su}}} + \underbrace{\min\left(i\omega^{u}, \omega^{u}\overline{K_s^{u}}\left[1 + \alpha^{cu}\frac{\beta_1^{|\Psi|}\left(s^{u}\right)^{-\beta_2^{|\Psi|}}\left(1-s^{u}\right)\varepsilon^{u}}{s^{u}y^{u}}\right]\right)}_{\text{下渗}e^{cu}}$$

$$\underbrace{-\min\left[\left(e_p + Mk_v\overline{e_p}\right)\omega^{u}, \alpha_{wg}^{u}\frac{\omega^{u}\overline{K_u^{s}}}{(1-s^{u})y^{u}}\frac{s_0^{d+2}\varepsilon|\Psi_b|}{\beta_2^{|\psi|}}\right]}_{\text{蒸发}e_{wg}^{u}} \tag{3.54}$$

2）饱和子区质量守恒方程

$$\underbrace{\frac{d}{d\tau}\left(y^s\varepsilon^s\omega^s\right)}_{s区水量变化率} = -\underbrace{\alpha^{us}\omega^u v_z^u}_{\substack{地下水回灌率\,e^{us}\\或毛管提升率\,e^{su}}} - \underbrace{\omega^o\alpha_1^{so}\overline{K_s^u}^{\alpha_2^{so}}\left[\frac{y^u\omega^u\varepsilon^u s^u + y^s\omega^s\varepsilon^s}{\left(y^u\omega^u\varepsilon^u + y^s\omega^s\varepsilon^s\right)\beta_1^{|\psi|}\left(s^u\right)^{-\beta_2^{|\psi|}}}\right]^{\alpha_3^{so}}}_{渗流\,e^{so}} - \underbrace{q_s}_{\substack{地下水与河水\\之间补给\,e^{sr}}}$$

（3.55）

3）蓄满产流子区质量守恒方程

$$\underbrace{\frac{d}{d\tau}\left(y^o\omega^o\right)}_{o区水量变化率} = \underbrace{\omega^o J}_{\substack{降水率或\\蒸发率\,e_{top}^o}} + \underbrace{\omega^o\alpha_1^{so}\overline{K_s^u}^{\alpha_2^{so}}\left[\frac{y^u\omega^u\varepsilon^u s^u + y^s\omega^s\varepsilon^s}{\left(y^u\omega^u\varepsilon^u + y^s\omega^s\varepsilon^s\right)\beta_1^{|\psi|}\left(s^u\right)^{-\beta_2^{|\psi|}}}\right]^{\alpha_3^{so}}}_{渗流\,e^{so}} + \underbrace{\alpha^{co}\xi^r y^c v^c}_{超渗坡面流\,e^{co}} - \underbrace{\alpha^{or}\xi^r y^o v^o}_{饱和坡面流\,e^{or}}$$

（3.56）

4）超渗产流子区质量守恒方程

$$\underbrace{\frac{d}{d\tau}\left(y^c\omega^c\right)}_{c区水量变化率} = \underbrace{\omega^c J}_{\substack{降水率或\\蒸发率\,e_{top}^c}} - \underbrace{\min\left(i\omega^u,\omega^u\overline{K_s^u}\left[1+\alpha^{cu}\frac{\beta_1^{|\psi|}\left(s^u\right)^{-\beta_2^{|\psi|}}\left(1-s^u\right)\varepsilon^u}{s^u y^u}\right]\right)}_{下渗\,e^{cu}} - \underbrace{\alpha^{co}\xi^r y^c v^c}_{超渗坡面流\,e^{co}}$$

（3.57）

5）主河道子区质量守恒方程

$$\underbrace{\frac{d}{d\tau}\left(m^r\xi^r\right)}_{r区水量变化率} = \underbrace{\sum_l\frac{m_l^r v_l^r}{\Sigma}}_{主河道入流} - \underbrace{\frac{m^r v^r}{\Sigma}}_{主河道出流} + \underbrace{\xi^r w^r J}_{\substack{降水率或\\蒸发率\,e_{top}^r}} + \underbrace{q_s}_{\substack{地下水与河水\\之间补给\,e^{sr}}} + \underbrace{\alpha^{or}\xi^r y^o v^o}_{饱和坡面流\,e^{or}}$$
（3.58）

3.3.2 动量项数学表达

1. 流域空间参照系的建立

流域水文本构关系中的动量变量均为向量，为此研究动量项数学表达式之前需要构建空间坐标系，然后才能研究流域的动量项数学表达式。

以空间三维笛卡儿直角坐标系右手系作为流域空间参照系，且令该参照系为一惯性参照系。参照系的坐标原点位于流域出口处，水平方向为 x 轴和 y 轴，z 轴竖直向下，三个方向的单位向量分别为 e_x、e_y 和 e_z。对于任一动量变量，将其与单位向量作数量积运算，即可得到该动量变量在每个方向上的投影标量。图 3.2 为流域空间参照系的示意图。

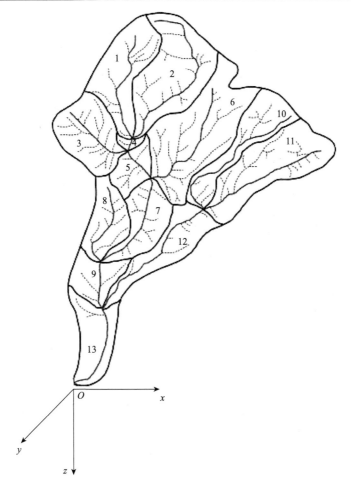

图 3.2　流域空间参照系

2. 各子区水流速度等效方向及代表性单元流域之间的交汇角

u 区和 s 区的水流运动为地下水运动，其速度等效方向概化为两个方向：水平方向和竖直方向，即 xOy 平面方向和 z 方向。

o 区和 c 区的水流运动为坡面流运动，其运动方式极为复杂且流向不定。本书对坡面流及河道水流速度等效方向的定义采用类似数字高程模型中处理流向的方法，即最陡坡度法，认为其等效方向为坡面切面方向。o 区、c 区和 r 区的切面、法方向、水流流向及坡度如图 3.3 所示。图中三个平面分别为 o 区、c 区和 r 区的切面；n_n^o、n_n^c 和 n_n^r 分别为三个子区的法方向；n_t^o、n_t^c 和 n_t^r 分别为三个子区的水流流向；γ^o、γ^c 和 γ^r 分别为三个子区的平均坡度，其值可由数字高程模型获得。

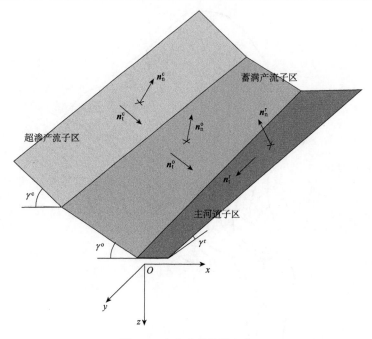

图 3.3　水流速度等效方向

　　主河道水流在代表性单元流域出口处的流速方向即为该代表性单元流域的方向，主河道之间的夹角即为代表性单元流域之间的交汇角。图 3.4 为图 2.2 中 7 号和 8 号代表性单元流域与 9 号代表性单元流域之间的交汇角示意图。图中 δ_7 和 δ_8 分别为 7 号代表性单元流域和 8 号代表性单元流域与 9 号代表性单元流域之间的交汇角。

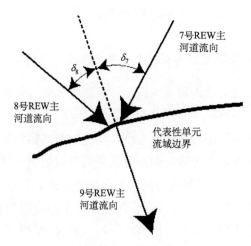

图 3.4　代表性单元流域之间的交汇角

3. 平衡态与非平衡态之间的转换

平衡态与非平衡态是热力学中描述热力学系统状态的名词，两种状态之间的转换满足牛顿第一定律的描述。平衡态指整个系统处于静止状态或匀速运动状态，系统的运动状态不发生改变；非平衡态则指系统受外力作用导致其运动状态发生改变。代表性单元流域被视为开放的热力学系统，其各个子区的实际状态必为非平衡态。为研究流域动量特征，即代表性单元流域与流域外界、代表性单元流域之间以及代表性单元流域内部相物质之间复杂的相互作用，将代表性单元流域从非平衡态转换为平衡态是进行研究的重要途径。

本书采用连续介质力学中的处理方法转换系统平衡态和非平衡态下的各种相互作用，如式（3.59）所示

$$\sum T = \sum T|_E + \bar{\tau} \tag{3.59}$$

式中：$\sum T$ 为水体处于非平衡态，即流动状态下的各种相互作用力总和；$\sum T|_E$ 为水体处于平衡态，即静止状态下的各种相互作用力总和；$\bar{\tau}$ 为非平衡态附加项，即附加阻力项，当系统处于平衡态时该项为零，此时 $\sum T = \sum T|_E$。

Reggiani 等[55]将点尺度的 Darcy 定律推广到代表性单元流域尺度，认为 $\bar{\tau}$ 与流速有关。本书取阻力-流速函数 Taylor 展开的第一项作为地下水水流即低流速情况下附加阻力项与流速之间的关系；取阻力-流速函数 Taylor 展开的前两项作为河道流速和坡面流速情况下附加阻力项与流速之间的关系，这种情况下也可以直接用第二项来代替前两项之和进行计算，如下式所示：

低流速情况：

$$\bar{\tau} = -R \times v \tag{3.60}$$

河道和坡面流速情况：

$$\bar{\tau} = -R \times v - |v|U \times v \approx -|v|U \times v \tag{3.61}$$

式中：R、U 为参数，是与系统状态相关的摩阻张量。

4. 动量项数学表达及模型方程

动量项数学表达式涉及诸多动量变量及其之间的相互关系，为阐述明确，本节采用分子区进行动量项数学表达式的归纳以及模型方程的建立。

1）u 区动量项数学表达及其模型方程

根据流域质量项数学表达式（3.53），可以认为 u 区与相邻代表性单元流域及

流域外界之间的相互作用力为零，即

$$\sum_l \boldsymbol{T}_l^u + \boldsymbol{T}_{\text{ext}}^u = 0 \tag{3.62}$$

当流域划分为若干代表性单元流域后，u 区上表面即地表坡度很小，近似认为水平，同时认为地下水水位接近水平。在这两个假设下，u 区与 c 区及 u 区与 s 区水平方向作用力可忽略不计，只考虑竖直方向作用力，即

$$\boldsymbol{T}^{uc} \cdot \boldsymbol{e}_x = \boldsymbol{T}^{uc} \cdot \boldsymbol{e}_y = \boldsymbol{T}^{us} \cdot \boldsymbol{e}_x = \boldsymbol{T}^{us} \cdot \boldsymbol{e}_y = 0 \tag{3.63}$$

将式（3.62）代入式（2.67）后，将所得方程在 z 轴方向投影，可得

$$\left(\rho y^u \varepsilon^u s^u \omega^u \right) \frac{\mathrm{d}}{\mathrm{d}\tau} v_z^u - \rho y^u \varepsilon^u s^u \boldsymbol{g}_z \omega^u = T_z^{us} + T_z^{uc} + T_{\text{wm},z}^u + T_{\text{wg},z}^u \tag{3.64}$$

将式（3.59）作用于式（3.64），得

$$\left(\rho y^u \varepsilon^u s^u \omega^u \right) \frac{\mathrm{d}}{\mathrm{d}\tau} v_z^u - \rho y^u \varepsilon^u s^u \boldsymbol{g}_z^u \omega^u = T_z^{us} \Big|_E + T_z^{uc} \Big|_E + T_{\text{wm},z}^u \Big|_E + T_{\text{wg},z}^u \Big|_E + \overline{\tau_z^u} \tag{3.65}$$

平衡态时，地下水水位处气压值近似为大气压值，且水体对土壤和气体作用的合力为零，故

$$T_z^{us} \Big|_E = T_{\text{wm},z}^u \Big|_E = T_{\text{wg},z}^u \Big|_E = 0 \tag{3.66}$$

将式（3.60）和式（3.66）代入式（3.65），并将所得方程标量化得

$$\left(\rho y^u \varepsilon^u s^u \omega^u \right) \frac{\mathrm{d}}{\mathrm{d}\tau} v_z^u - \rho y^u \varepsilon^u s^u g \omega^u = T_z^{uc} \Big|_E - R_z^u v_z^u \tag{3.67}$$

u 区水体对 c 区的作用力主要由土壤基质势及水头落差而产生，即

$$T_z^{uc} \Big|_E = \rho g \varepsilon^u s^u \omega^u \left(\left| \Psi^u \right| - \frac{1}{2} y^u \right) \tag{3.68}$$

式中：$\left| \Psi^u \right|$ 为 u 区平均基质势，由式（3.20）计算可得。

R_z^u 与土壤空间平均水力传导度的关系如下式所示[55]：

$$R_z^u = \frac{\rho g \varepsilon^u y^u \omega^u}{\overline{K^u}} \tag{3.69}$$

式中：$\overline{K^u}$ 为土壤空间平均水力传导度，其与饱和水力传导度的关系为 $\overline{K^u} = \overline{K_s^u} \left(s^u \right)^{\beta^{\overline{K^u}}}$，$\beta^{\overline{K^u}}$ 为一与毛管作用相关的参数。

将式（3.68）和式（3.69）代入式（3.67），得

$$\left(\rho y^{\mathrm{u}}\varepsilon^{\mathrm{u}}s^{\mathrm{u}}\omega^{\mathrm{u}}\right)\frac{\mathrm{d}}{\mathrm{d}\tau}v_z^{\mathrm{u}}-\rho y^{\mathrm{u}}\varepsilon^{\mathrm{u}}s^{\mathrm{u}}g\omega^{\mathrm{u}}=\rho g\varepsilon^{\mathrm{u}}s^{\mathrm{u}}\omega^{\mathrm{u}}\left(\beta_1^{|\varPsi|}\left(s^{\mathrm{u}}\right)^{-\beta_2^{|\varPsi|}}-\frac{1}{2}y^{\mathrm{u}}\right)-\frac{\rho g\varepsilon^{\mathrm{u}}y^{\mathrm{u}}\omega^{\mathrm{u}}}{\overline{K_s^{\mathrm{u}}}\left(s^{\mathrm{u}}\right)^{\overline{\beta^{K^{\mathrm{u}}}}}}\cdot v_z^{\mathrm{u}}$$

$$(3.70)$$

式（3.70）即为 u 区动量守恒方程。本书考虑在流速很小的情况下，地下水水流惯性项可以忽略的事实，忽略 u 区水流的惯性项$\left(\rho y^{\mathrm{u}}\varepsilon^{\mathrm{u}}s^{\mathrm{u}}\omega^{\mathrm{u}}\right)\dfrac{\mathrm{d}}{\mathrm{d}\tau}v_z^{\mathrm{u}}$，将式（3.70）简化如下：

$$v_z^{\mathrm{u}}=\overline{K_s^{\mathrm{u}}}\left(s^{\mathrm{u}}\right)^{1+\overline{\beta^{K^{\mathrm{u}}}}}\left[\frac{\beta_1^{|\varPsi|}\left(s^{\mathrm{u}}\right)^{-\beta_2^{|\varPsi|}}}{y^{\mathrm{u}}}+\frac{1}{2}\right]\qquad(3.71)$$

惯性项的忽略是对实际情况的一种近似简化，是为模型求解计算方便的一种处理方式。在资料充分及条件允许的情况下，惯性项完全可以耦合在方程组中而不必略去。

2）s 区动量项数学表达及其模型方程

类似于 u 区的处理方法，并认为 s 区水流 z 方向流动速度接近于零，因而整个 s 区处于平衡态，式（2.69）竖直方向投影分量方程转变为

$$-\rho y^{\mathrm{s}}\varepsilon^{\mathrm{s}}g\omega^{\mathrm{s}}=T_{\mathrm{bot},z}^{\mathrm{s}}\Big|_E+T_z^{\mathrm{so}}\Big|_E+T_z^{\mathrm{sr}}\Big|_E\qquad(3.72)$$

式（3.72）为水静力学平衡方程，其中不包括运动项，因而 s 区中的水压力可以按静止液体压强分布规律 $p^{\mathrm{s}}=\dfrac{1}{2}\rho gy^{\mathrm{s}}$ 计算，同时式（3.72）不纳入动量守恒方程。

3）o 区动量项数学表达及其模型方程

将式（3.59）作用于 o 区动量守恒方程式（2.71），得

$$\left(\rho^{\mathrm{o}}y^{\mathrm{o}}\omega^{\mathrm{o}}\right)\frac{\mathrm{d}}{\mathrm{d}\tau}\boldsymbol{v}^{\mathrm{o}}-\rho^{\mathrm{o}}y^{\mathrm{o}}g\omega^{\mathrm{o}}=\boldsymbol{T}_{\mathrm{top}}^{\mathrm{o}}\Big|_E+\boldsymbol{T}^{\mathrm{os}}\Big|_E+\boldsymbol{T}^{\mathrm{oc}}\Big|_E+\boldsymbol{T}^{\mathrm{or}}\Big|_E+\overline{\boldsymbol{\tau}^{\mathrm{o}}}\qquad(3.73)$$

将式（3.73）在 o 区水流 $\boldsymbol{v}^{\mathrm{o}}$ 方向上投影，即 $\boldsymbol{n}_{\mathrm{t}}^{\mathrm{o}}$ 方向上投影，得

$$\left(\rho^{\mathrm{o}}y^{\mathrm{o}}\omega^{\mathrm{o}}\right)\frac{\mathrm{d}}{\mathrm{d}\tau}\boldsymbol{v}^{\mathrm{o}}-\rho^{\mathrm{o}}y^{\mathrm{o}}\boldsymbol{g}_{\mathrm{t}}\omega^{\mathrm{o}}=\boldsymbol{T}_{\mathrm{top},\mathrm{t}}^{\mathrm{o}}\Big|_E+\boldsymbol{T}_{\mathrm{t}}^{\mathrm{os}}\Big|_E+\boldsymbol{T}_{\mathrm{t}}^{\mathrm{oc}}\Big|_E+\boldsymbol{T}_{\mathrm{t}}^{\mathrm{or}}\Big|_E+\overline{\boldsymbol{\tau}_{\mathrm{t}}^{\mathrm{o}}}\qquad(3.74)$$

平衡态时，o 区水流在 $\boldsymbol{n}_{\mathrm{t}}^{\mathrm{o}}$ 方向上，即切面方向上与大气、s 区、c 区和 r 区之间的作用力，即摩擦力为零，故

$$\boldsymbol{T}_{\mathrm{top},\mathrm{t}}^{\mathrm{o}}\Big|_E=\boldsymbol{T}_{\mathrm{t}}^{\mathrm{os}}\Big|_E=\boldsymbol{T}_{\mathrm{t}}^{\mathrm{oc}}\Big|_E=\boldsymbol{T}_{\mathrm{t}}^{\mathrm{or}}\Big|_E=0\qquad(3.75)$$

重力在 $\boldsymbol{n}_{\mathrm{t}}^{\mathrm{o}}$ 方向上的投影 $\rho^{\mathrm{o}}y^{\mathrm{o}}\boldsymbol{g}_{\mathrm{t}}\omega^{\mathrm{o}}$ 为

$$\rho^{\mathrm{o}}y^{\mathrm{o}}g\omega^{\mathrm{o}}\sin\gamma^{\mathrm{o}} \tag{3.76}$$

由式（3.61）有

$$\overline{\boldsymbol{\tau}_{\mathrm{t}}^{\mathrm{o}}} = -\left|v^{\mathrm{o}}\right|\boldsymbol{U}^{\mathrm{o}}\times v^{\mathrm{o}} \tag{3.77}$$

将式（3.75）、式（3.76）和式（3.77）代入式（3.74），并将所得方程标量化得

$$\left(\rho^{\mathrm{o}}y^{\mathrm{o}}\omega^{\mathrm{o}}\right)\frac{\mathrm{d}}{\mathrm{d}\tau}v^{\mathrm{o}} - \rho^{\mathrm{o}}y^{\mathrm{o}}g\omega^{\mathrm{o}}\sin\gamma^{\mathrm{o}} = -U^{\mathrm{o}}\left(v^{\mathrm{o}}\right)^2 \tag{3.78}$$

式中：U^{o} 为摩阻张量的标量化变量，即为摩阻系数，采用下式计算：

$$U^{\mathrm{o}} = \frac{1}{8}\rho^{\mathrm{o}}P^{\mathrm{o}}l^{\mathrm{o}}\varsigma^{\mathrm{o}} \tag{3.79}$$

式中：P^{o} 为 o 区的平均湿周；l^{o} 为 o 区沿 $\boldsymbol{n}_{\mathrm{t}}^{\mathrm{o}}$ 方向的长度百分比；ς^{o} 为 Darcy-Weisbach 摩擦系数。

ς^{o} 采用下式计算：

$$\varsigma^{\mathrm{o}} = 8g\left(n_{\mathrm{m}}^{\mathrm{o}}\right)^2\left(\overline{R^{\mathrm{o}}}\right)^{-1/3} \tag{3.80}$$

式中：$n_{\mathrm{m}}^{\mathrm{o}}$ 为 o 区糙率；$\overline{R^{\mathrm{o}}}$ 为 o 区等效水力半径。

将式（3.79）和式（3.80）代入式（3.78），整理得

$$\left(\rho^{\mathrm{o}}y^{\mathrm{o}}\omega^{\mathrm{o}}\right)\frac{\mathrm{d}}{\mathrm{d}\tau}v^{\mathrm{o}} + \rho^{\mathrm{o}}P^{\mathrm{o}}l^{\mathrm{o}}g\left(n_{\mathrm{m}}^{\mathrm{o}}\right)^2\left(\overline{R^{\mathrm{o}}}\right)^{-1/3}\left(v^{\mathrm{o}}\right)^2 = \rho^{\mathrm{o}}y^{\mathrm{o}}g\omega^{\mathrm{o}}\sin\gamma^{\mathrm{o}} \tag{3.81}$$

对于平面区域而言，其湿周近似为该平面在等效流向方向的宽度，即 $P^{\mathrm{o}}l^{\mathrm{o}} = \omega^{\mathrm{o}}$，其水力半径近似为水层厚度，即 $\overline{R^{\mathrm{o}}} = y^{\mathrm{o}}$，故式（3.81）简化为

$$\left(\frac{y^{\mathrm{o}}}{g}\right)\frac{\mathrm{d}}{\mathrm{d}\tau}v^{\mathrm{o}} + \left(n_{\mathrm{m}}^{\mathrm{o}}v^{\mathrm{o}}\right)^2 = \left(y^{\mathrm{o}}\right)^{4/3}\sin\gamma^{\mathrm{o}} \tag{3.82}$$

式（3.82）即为 o 区动量守恒方程。类似于 Saint-Venant 方程组运动波简化，忽略惯性项，可得

$$v^{\mathrm{o}} = \left(n_{\mathrm{m}}^{\mathrm{o}}\right)^{-1}\left(y^{\mathrm{o}}\right)^{2/3}\left(\sin\gamma^{\mathrm{o}}\right)^{1/2} \tag{3.83}$$

4）c 区动量项数学表达及其模型方程

类似于 o 区的处理方法，可得 c 区动量守恒方程为

$$\left(\frac{y^{\mathrm{c}}}{g}\right)\frac{\mathrm{d}}{\mathrm{d}\tau}v^{\mathrm{c}} + \left(n_{\mathrm{m}}^{\mathrm{c}}v^{\mathrm{c}}\right)^2 = \left(y^{\mathrm{c}}\right)^{4/3}\sin\gamma^{\mathrm{c}} \tag{3.84}$$

忽略惯性项可得

$$v^c = \left(n_m^c\right)^{-1}\left(y^c\right)^{2/3}\left(\sin\gamma^c\right)^{1/2} \tag{3.85}$$

5）r 区动量项数学表达及其模型方程

将式（3.59）作用于 r 区动量守恒方程式（2.75），得

$$\left(\rho^r m^r \xi^r\right)\frac{\mathrm{d}}{\mathrm{d}\tau}\boldsymbol{v}^r - \rho^r m^r \boldsymbol{g}\xi^r = \sum_l \boldsymbol{T}_l^r\Big|_E + \boldsymbol{T}_{ext}^r\Big|_E + \boldsymbol{T}_{top}^r\Big|_E + \boldsymbol{T}^{rs}\Big|_E + \boldsymbol{T}^{ro}\Big|_E + \overline{\boldsymbol{\tau}^r} \tag{3.86}$$

将式（3.86）在 r 区水流 $\boldsymbol{v}^r$ 方向上投影，即 $\boldsymbol{n}_t^r$ 方向上投影，得

$$\left(\rho^r m^r \xi^r\right)\frac{\mathrm{d}}{\mathrm{d}\tau}\boldsymbol{v}^r - \rho^r m^r \boldsymbol{g}_t\xi^r = \sum_l \boldsymbol{T}_{l,t}^r\Big|_E + \boldsymbol{T}_{ext,t}^r\Big|_E + \boldsymbol{T}_{top,t}^r\Big|_E + \boldsymbol{T}_t^{rs}\Big|_E + \boldsymbol{T}_t^{ro}\Big|_E + \overline{\boldsymbol{\tau}_t^r} \tag{3.87}$$

平衡态时，r 区水流在 $\boldsymbol{n}_t^r$ 方向上，即切面方向上与大气、s 区和 o 区之间的作用力，即摩擦力为零，故

$$\boldsymbol{T}_{top,t}^r\Big|_E = \boldsymbol{T}_t^{rs}\Big|_E = \boldsymbol{T}_t^{ro}\Big|_E = 0 \tag{3.88}$$

式（3.86）中 $\boldsymbol{T}_l^r\big|_E$ 为平衡态时第 k 个代表性单元流域的 r 区与相邻第 l 个代表性单元流域之间的相互作用力，这种作用力实际上是第 k 个代表性单元流域的 r 区和第 l 个代表性单元流域的 r 区之间的静水压力，采用下式计算：

$$\boldsymbol{T}_l^r\Big|_E = -p^r A_l^r \boldsymbol{n}_{l,n}^r \tag{3.89}$$

式中：p^r 为 r 区平衡态静水压强，大小约为 $\frac{1}{2}\rho^r g y^r$；A_l^r 为第 k 个代表性单元流域的 r 区和第 l 个代表性单元流域的 r 区之间的交界面，大小约为 $\frac{1}{2}\left(m^r + m_l^r\right)$，$m^r$ 为第 k 个代表性单元流域的 r 区主河道时均过水断面面积，m_l^r 为第 l 个代表性单元流域的 r 区主河道时均过水断面面积；$\boldsymbol{n}_{l,n}^r$ 为 A_l^r 的等效法方向。

因而，式（3.87）中 $\boldsymbol{T}_{l,t}^r\big|_E$ 的大小采用下式计算：

$$\left|\boldsymbol{T}_{l,t}^r\big|_E\right| = \boldsymbol{T}_l^r\Big|_E \bullet \boldsymbol{n}_t^r = -p^r A_l^r \boldsymbol{n}_{l,n}^r \bullet \boldsymbol{n}_t^r = -\frac{1}{4}\rho^r g y^r\left(m^r + m_l^r\right)\cos\delta_l^r \tag{3.90}$$

式中：$\cos\delta_l^r$ 为第 k 个代表性单元流域的 r 区和第 l 个代表性单元流域的 r 区之间的夹角，即两个代表性单元流域之间的交汇角。

类似于 $\boldsymbol{T}_{l,t}^r\big|_E$ 的计算方法，

$$\left|\boldsymbol{T}_{ext,t}^r\big|_E\right| = -\frac{1}{4}\rho^r g y^r\left(m^r + m_{ext}^r\right)\cos\delta_{ext}^r \tag{3.91}$$

类似于 o 区计算非平衡态附加项 $\overline{\boldsymbol{\tau}}$ 大小的方法，有

$$\left|\overline{\pmb{\tau}^{\mathrm{r}}}\right| = -\rho^{\mathrm{r}} P^{\mathrm{r}} l^{\mathrm{r}} g \left(n_{\mathrm{m}}^{\mathrm{r}}\right)^2 \left(\overline{R^{\mathrm{r}}}\right)^{-1/3} \left(v^{\mathrm{r}}\right)^2 \tag{3.92}$$

重力在 $\pmb{n}_{\mathrm{t}}^{\mathrm{r}}$ 方向上的投影为

$$\rho^{\mathrm{r}} m^{\mathrm{r}} \pmb{g}_{\mathrm{t}} \xi^{\mathrm{r}} = \rho^{\mathrm{r}} m^{\mathrm{r}} g \xi^{\mathrm{r}} \sin \gamma^{\mathrm{r}} \tag{3.93}$$

将式（3.88）和式（3.93）代入式（3.87），并将所得方程标量化，再将式（3.90）、式（3.91）和式（3.92）代入之，同时方程两边除以 $\rho^{\mathrm{r}} g$，可得

$$\frac{m^{\mathrm{r}} \xi^{\mathrm{r}}}{g} \frac{\mathrm{d}}{\mathrm{d}\tau} v^{\mathrm{r}} + P^{\mathrm{r}} l^{\mathrm{r}} \left(n_{\mathrm{m}}^{\mathrm{r}}\right)^2 \left(\overline{R^{\mathrm{r}}}\right)^{-1/3} \left(v^{\mathrm{r}}\right)^2$$

$$= m^{\mathrm{r}} \xi^{\mathrm{r}} \sin \gamma^{\mathrm{r}} - \frac{1}{4} y^{\mathrm{r}} \left(m^{\mathrm{r}} + m_{\mathrm{ext}}^{\mathrm{r}}\right) \cos \delta_{\mathrm{ext}}^{\mathrm{r}} \pm \sum_l \frac{1}{4} y^{\mathrm{r}} \left(m^{\mathrm{r}} + m_l^{\mathrm{r}}\right) \cos \delta_l^{\mathrm{r}} \tag{3.94}$$

式中：第 l 个代表性单元流域位于第 k 个代表性单元流域上游时，$\sum$ 前取 "+" 号，第 l 个代表性单元流域位于第 k 个代表性单元流域下游时，$\sum$ 前取 "–" 号；"$-\frac{1}{4} y^{\mathrm{r}} \left(m^{\mathrm{r}} + m_{\mathrm{ext}}^{\mathrm{r}}\right) \cos \delta_{\mathrm{ext}}^{\mathrm{r}}$" 项当且仅当第 k 个代表性单元流域位于流域出口时不为零。

式（3.94）即为 r 区动量守恒方程。为实际应用方便，可采取如下简化：类似于 Saint-Venant 方程组运动波简化，忽略惯性项 $\frac{m^{\mathrm{r}} \xi^{\mathrm{r}}}{g} \frac{\mathrm{d}}{\mathrm{d}\tau} v^{\mathrm{r}}$；流域出口处 $m_{\mathrm{ext}}^{\mathrm{r}} \approx m^{\mathrm{r}}$，$\cos \delta_{\mathrm{ext}}^{\mathrm{r}} \approx 0$。将以上简化代入式（3.94），可得

$$v^{\mathrm{r}} = \left(n_{\mathrm{m}}^{\mathrm{r}}\right)^{-1} \left\{ \left(P^{\mathrm{r}} l^{\mathrm{r}}\right)^{-1} \left(\overline{R^{\mathrm{r}}}\right)^{1/3} \left[m^{\mathrm{r}} \xi^{\mathrm{r}} \sin \gamma^{\mathrm{r}} - \frac{1}{2} y^{\mathrm{r}} m^{\mathrm{r}} \pm \sum_l \frac{1}{4} y^{\mathrm{r}} \left(m^{\mathrm{r}} + m_l^{\mathrm{r}}\right) \cos \delta_l^{\mathrm{r}} \right] \right\}^{1/2}$$

$$\tag{3.95}$$

3.4　代表性单元流域水文模型的构建

流域水文本构关系的归纳和建立，使得代表性单元流域水文模型的基本方程具体化、简单化和可操作化。最终建立了由一组九个微分方程和九个自变量构成的宏观尺度物理机制分布式流域水文模型，其构成如表 3.1 和表 3.2 所示。为方便计算，本书对模型中的动量方程进行了合理简化，简化后的动量方程为代数方程，可直接进行计算而不必采用数值分析法求解，如表 3.3 所示。表 3.4 为模型中其他非独立变量、含义及计算方法，表 3.5 为模型中已知输入变量，表 3.6 为模型参数。

表 3.1 模型方程及未知量

序号	方程	未知量	子区	性质
1	$\dfrac{\mathrm{d}}{\mathrm{d}\tau}\left(y^u\varepsilon^u s^u\omega^u\right)=\alpha^{us}\omega^u v_z^u$ $+\min\left(i\omega^u,\ \omega^u\overline{K_s^u}\left[1+\alpha^{cu}\dfrac{\beta_1^{|\Psi|}\left(s^u\right)^{-\beta_2^{|\Psi|}}\left(1-s^u\right)\varepsilon^u}{s^u y^u}\right]\right)$ $-\min\left[\left(e_p+Mk_v\overline{e_p}\right)\omega^u,\ \alpha^u_{\mathrm{wg}}\dfrac{\omega^u\overline{K_u^s}}{\left(1-s^u\right)y^u}\dfrac{s_0^{d+2}\varepsilon^u|\Psi_b|}{\beta_2^{|\Psi|}}\right]$	y^s、s^u、v_z^u	非饱和子区	质量
2	$\dfrac{\mathrm{d}}{\mathrm{d}\tau}\left(y^s\varepsilon^s\omega^s\right)=-\alpha^{us}\omega^u v_z^u-q_s$ $-\omega^0\alpha_1^{so}\overline{K_s^s}^{\alpha_2^{so}}\left[\dfrac{y^u\omega^u\varepsilon^u s^u+y^s\omega^s\varepsilon^s}{\left(y^u\omega^u\varepsilon^u+y^s\omega^s\varepsilon^s\right)\beta_1^{|\Psi|}\left(s^u\right)^{-\beta_2^{|\Psi|}}}\right]^{\alpha_3^{so}}$	y^s、s^u、v_z^u	饱和子区	质量
3	$\dfrac{\mathrm{d}}{\mathrm{d}\tau}\left(y^o\omega^o\right)=\omega^o J+\alpha^{co}\xi^r y^c v^c-\alpha^{or}\xi^r y^o v^o$ $+\omega^0\alpha_1^{so}\overline{K_s^s}^{\alpha_2^{so}}\left[\dfrac{y^u\omega^u\varepsilon^u s^u+y^s\omega^s\varepsilon^s}{\left(y^u\omega^u\varepsilon^u+y^s\omega^s\varepsilon^s\right)\beta_1^{|\Psi|}\left(s^u\right)^{-\beta_2^{|\Psi|}}}\right]^{\alpha_3^{so}}$	y^o、v^o	蓄满产流子区	质量
4	$\dfrac{\mathrm{d}}{\mathrm{d}\tau}\left(y^c\omega^c\right)=\omega^c J-\alpha^{co}\xi^r y^c v^c$ $-\min\left(i\omega^u,\ \omega^u\overline{K_s^u}\left[1+\alpha^{cu}\dfrac{\beta_1^{|\Psi|}\left(s^u\right)^{-\beta_2^{|\Psi|}}\left(1-s^u\right)\varepsilon^u}{s^u y^u}\right]\right)$	y^s、s^u、y^c、v^c	超渗产流子区	质量
5	$\dfrac{\mathrm{d}}{\mathrm{d}\tau}\left(m^r\xi^r\right)=\sum_l\dfrac{m_l^r v_l^r}{\Sigma}-\dfrac{m^r v^r}{\Sigma}$ $+\xi^r w^r J+q_s+\alpha^{or}\xi^r y^o v^o$	y^o、v^o、m^r、v^r	主河道子区	质量
6	$\left(\rho y^u\varepsilon^u s^u\omega^u\right)\dfrac{\mathrm{d}}{\mathrm{d}\tau}v_z^u-\rho y^u\varepsilon^u s^u g\omega^u=$ $\rho g\varepsilon^u s^u\omega^u\left(\beta_1^{|\Psi|}\left(s^u\right)^{-\beta_2^{|\Psi|}}-\dfrac{1}{2}y^u\right)-\dfrac{\rho g\varepsilon^u y^u\omega^u}{\overline{K_s^u}\left(s^u\right)^{\beta^{\kappa u}}}\bullet v_z^u$	y^s、s^u、v_z^u	非饱和子区	动量
7	$\left(\dfrac{y^o}{g}\right)\dfrac{\mathrm{d}}{\mathrm{d}\tau}v^o+\left(n_m^o v^o\right)^2=\left(y^o\right)^{4/3}\sin\gamma^o$	y^o、v^o	蓄满产流子区	动量
8	$\left(\dfrac{y^c}{g}\right)\dfrac{\mathrm{d}}{\mathrm{d}\tau}v^c+\left(n_m^c v^c\right)^2=\left(y^c\right)^{4/3}\sin\gamma^c$	y^c、v^c	超渗产流子区	动量
9	$\dfrac{m^r\xi^r}{g}\dfrac{\mathrm{d}}{\mathrm{d}\tau}v^r+P^r l^r\left(n_m^r\right)^2\left(\overline{R^r}\right)^{-1/3}\left(v^r\right)^2=m^r\xi^r\sin\gamma^r$ $-\dfrac{1}{4}y^r\left(m^r+m_{\mathrm{ext}}^r\right)\cos\delta_{\mathrm{ext}}^r\pm\sum_l\dfrac{1}{4}y^r\left(m^r+m_l^r\right)\cos\delta_l^r$	m^r、v^r	主河道子区	动量

表 3.2　模型未知量及其含义

序号	未知量	含义
1	y^s	饱和子区平均厚度
2	y^o	蓄满产流子区平均厚度
3	y^c	超渗产流子区平均厚度
4	v_z^u	非饱和子区水流垂向流速
5	v^o	蓄满产流子区坡面流流速
6	v^c	超渗产流子区坡面流流速
7	v^r	主河道子区水流流速
8	s^u	非饱和子区土壤饱和度
9	m^r	主河道子区过水断面面积

表 3.3　简化后的动量方程

序号	简化后的动量方程
6	$v_z^u = \overline{K_s^u} \left(s^u\right)^{1+\beta^{\overline{K^u}}} \left[\dfrac{\beta_1^{|\Psi|} \left(s^u\right)^{-\beta_2^{|\Psi|}}}{y^u} + \dfrac{1}{2} \right]$
7	$v^o = \left(n_m^o\right)^{-1} \left(y^o\right)^{2/3} \left(\sin\gamma^o\right)^{1/2}$
8	$v^c = \left(n_m^c\right)^{-1} \left(y^c\right)^{2/3} \left(\sin\gamma^c\right)^{1/2}$
9	$v^r = \left(n_m^r\right)^{-1} \left\{ \left(P^r l^r\right)^{-1} \left(\overline{R^r}\right)^{1/3} \left[m^r \xi^r \sin\gamma^r - \dfrac{1}{2} y^r m^r \pm \sum_l \dfrac{1}{4} y^r \left(m^r + m_l^r\right) \cos\delta_l^r \right] \right\}^{1/2}$

注：表中序号为表 3.1 中对应的序号。

表 3.4　非独立变量、含义及计算方法

序号	变量	含义	计算表达式
1	y^u	非饱和子区平均厚度	$\left(z_{\text{surf}} - z^s\right) - y^s$
2	ω^u	非饱和子区面积水平投影百分比	$1 - \omega^o$
3	ω^s	饱和子区面积水平投影百分比	1
4	ω^o	蓄满产流子区面积水平投影百分比	$\begin{cases} 0 & y^s \leqslant z^r - z^s \\ \dfrac{1}{\beta_1^{\omega^o} + \beta_2^{\omega^o} \mathrm{e}^{\beta_3^{\omega^o}\left[y^s - \left(z_{\text{surf}} - z^s\right) + |\Psi_b|\right]}} \\ \quad - \dfrac{1}{\beta_1^{\omega^o} + \beta_2^{\omega^o} \mathrm{e}^{\beta_3^{\omega^o}\left[\left(z^r - z^s\right) - \left(z_{\text{surf}} - z^s\right) + |\Psi_b|\right]}} & z^r - z^s < y^s < z_{\text{surf}} - z^s \\ 1 & y^s = z_{\text{surf}} - z^s \end{cases}$
5	ω^c	超渗产流子区面积水平投影百分比	$1 - \omega^o$

表 3.5 输入变量、含义及类型

序号	变量	含义	确定方法	类型
1	z_{surf}	地表平均高程		
2	z_r	河底平均高程		
3	γ^o	o 区平均坡度	根据数字高程模型数据确定	
4	γ^c	c 区平均坡度		
5	γ^r	r 区平均坡度		
6	z_s	不透水层平均高程	根据数字高程模型数据和实测土壤厚度资料确定	地形地貌特征
7	ξ^r	河网密度	根据数字水系数据或实测数据确定	
8	l^r	主河道相对长度		
9	m_i^r	过水断面面积	根据实测大断面数据确定	
10	m_{ext}^r	流域边缘过水断面面积		
11	δ_i^r	主河道之间夹角	根据数字水系数据确定	
12	δ_{ext}^r	主河道与外界之间夹角		
13	i	降水强度		
14	J	降水强度或蒸发率	实测数据	
15	q_s	地下水和河水之间的补给		水文气象特征
16	e_p	土壤蒸发能力	实测数据或根据 Penman-Monteith 公式计算；无此资料地区可使用水面蒸发能力代替	
17	$\overline{e_p}$	土壤多年平均蒸发能力	实测数据或根据 Penman-Monteith 公式计算；无此资料地区可使用水面多年平均蒸发能力代替	
18	M	植被相对面积	根据土地利用资料确定	
19	k_v	蒸发能力比值	根据已有土壤和植被蒸散发数据确定	
20	ε^u	u 区孔隙度	实测数据或根据土壤类型查阅文献确定	
21	ε^s	s 区孔隙度		
22	s_0	土壤初始饱和度	实测数据	
23	$\overline{K_s^u}$	u 区平均饱和水力传导度		土壤特征
24	d	扩散指数		
25	$\beta_2^{|\psi|}$	孔隙尺寸分布指数	根据土壤类型查阅文献确定	
26	$|\Psi_b|$	泡点压力落差		
27	$\beta_1^{|\psi|}$	泡点压力		
28	v_i^r	主河道流速	实测数据	
29	P^r	主河道平均湿周	根据实测大断面数据确定	水力学特征
30	$\overline{R^r}$	主河道水力半径		
31	n_m^o	o 区糙率	查阅文献确定	

序号	变量	含义	确定方法	类型
32	n_m^c	c 区糙率	查阅文献确定	水力学
33	n_m^r	r 区糙率		特征
34	ρ	水密度	1.0×10^3（kg/m^3）	一般
35	g	重力加速度	9.8（m/s^2）	特征

表 3.6　模型参数、含义及确定方法

序号	变量	含义	确定方法
1	α^{us}	地下水回灌提升系数	根据实测重力水或毛管水含量及其流速拟合计算；无此资料地区可率定
2	α^{cu}	与 u 区水力传导度空间分布相关的尺度系数	根据 u 区水力传导度空间分布采用 Rogers 方法拟合计算；无此资料地区可率定
3	α_{wg}^u	u 区蒸散发系数	根据 u 区水力传导度空间分布及反渗吸附率计算；无此资料地区可率定
4	α^{or}	饱和坡面流产流系数	根据坡面流流量、坡面流流速、坡面水深及河网密度计算；无此资料地区可率定
5	α^{co}	超渗坡面流产流系数	
6	α_1^{so}		根据 u 区空间平均饱和水力传导度、流域平均饱和度及 u 区平均基质势拟合计算；无此资料地区可率定
7	α_2^{so}	渗流系数	
8	α_3^{so}		
9	$\beta_1^{@o}$		根据 o 区相对面积、土壤厚度、地下水水深及泡点压力落差拟合计算；无此资料地区可率定
10	$\beta_2^{@o}$	o 区相对面积计算系数	
11	$\beta_3^{@o}$		
12	$\beta^{\overline{K^u}}$	与毛管作用相关的系数	根据饱和水力传导度、实测水力传导度及饱和度计算；无此资料地区可率定

第 4 章　代表性单元流域水文模型求解测试

正确问题（它常常是模糊不清的）的近似回答远好于错误问题（它总是可以弄得很精确）的准确回答。

——John W. Tukey, 1962

经过动量方程简化的代表性单元流域水文模型中包含五个微分形式的质量方程和四个代数形式的动量方程，在实际应用时其解析解较难获得，必须采用数值方法进行求解。代表性单元流域水文模型的求解与基于"FH69 蓝图"得到的由偏微分方程组构成的其他物理性分布式流域水文模型相比要相对容易些，这也是代表性单元流域水文模型的优越性之一。一般求解微分方程的方法有 Euler 法、Runge-Kutta 法等。本书考虑到模型的通用性和可扩展性，参考 Lee 等[57]使用四阶 Runge-Kutta 法求解思路，采用四阶变步长 Runge-Kutta 法对模型进行求解计算。动量方程为代数方程，其求解计算方法比较简单，本章重点针对质量方程求解方法做了介绍。

代表性单元流域水文模型所描述的流域水文过程中包含了众多不同数量级的水流运动过程，每种水流运动流速差别甚远（表 4.1），增加了模型方程求解时的不稳定性，甚至求解过程中极小的摄动或误差都有可能带来结果的较大偏差，即所谓微分方程的"刚性"问题。为此，在代表性单元流域水文模型应用于实际天然流域模拟之前，必须对其求解进行测试，以保证其求解过程的稳定性和收敛性。

代表性单元流域水文模型中应用了众多流域水文本构关系，其中亦包含了大量变量及参数。在采用数值方法求解时，变量之间的非线性作用使得本构关系能否继续"各司其职"是本章测试的另一主要目的。故对模型进行测试也是检验模型构建方法正确性及模型结构合理性的手段之一。

本章首先介绍模型求解方法，然后在人工给定的假设情形下对模型进行测试，最后得出关于模型构建方法的正确性和合理性以及模型数值求解方法的稳定性及收敛性的测试结论。

表 4.1　水流运动量级比较

水流类型	时间尺度	流速/（m/s）
地下径流	日、年	$\leq 10^{-6}$
霍顿坡面流	时	$10^{-6}\sim 10^{-3}$
壤中流	时、日	$10^{-7}\sim 10^{-4}$
饱和坡面流	时	$10^{-2}\sim 10^{-1}$
河道水流	时、日	$1\sim 10$

4.1　模型求解原理

Lee 等[57]在研究代表性单元流域时所采用的经典 Runge-Kutta 法求解的计算公式如下：

$$\begin{cases} y_{n+1} = y_n + \dfrac{h}{6}\left(K_1 + 2K_2 + 2K_3 + K_4\right) \\ K_1 = f\left(x_n, y_n\right) \\ K_2 = f\left(x_n + \dfrac{h}{2}, y_n + \dfrac{h}{2}K_1\right) \\ K_3 = f\left(x_n + \dfrac{h}{2}, y_n + \dfrac{h}{2}K_2\right) \\ K_4 = f\left(x_n + h, y_n + hK_3\right) \end{cases} \quad (4.1)$$

将式（4.1）作用于代表性单元流域水文模型的质量方程，得

$$\begin{cases} y_{n+1} = y_n + \dfrac{h}{6}\left(K_1 + 2K_2 + 2K_3 + K_4\right) \\ K_1 = f\left(t_n, y_n\right) \\ K_2 = f\left(t_n + \dfrac{h}{2}, y_n + \dfrac{h}{2}K_1\right) \\ K_3 = f\left(t_n + \dfrac{h}{2}, y_n + \dfrac{h}{2}K_2\right) \\ K_4 = f\left(t_n + h, y_n + hK_3\right) \\ y_n = \left[y_n^s, s_n^u, y_n^o, y_n^c, m_n^r\right]^{\mathrm{T}} \\ f\left(t_n, y_n\right) = \left[\dfrac{\mathrm{d}y^s\left(t_n, y_n\right)}{\mathrm{d}\tau}, \dfrac{\mathrm{d}s^u\left(t_n, y_n\right)}{\mathrm{d}\tau}, \dfrac{\mathrm{d}y^o\left(t_n, y_n\right)}{\mathrm{d}\tau}, \dfrac{\mathrm{d}y^c\left(t_n, y_n\right)}{\mathrm{d}\tau}, \dfrac{\mathrm{d}m^r\left(t_n, y_n\right)}{\mathrm{d}\tau}\right]^{\mathrm{T}} \end{cases}$$

$$(4.2)$$

式中：y_{n+1}、y_n 表示数值方法计算值；n 表示计算时间步数；h 表示计算时间步长；t 表示时间；T 表示矩阵转置。

式（4.2）中第七个计算式等号右边各项可通过对式（2.66）、式（2.68）、式（2.70）、式（2.72）及式（2.74）变形展开获得其具体表达。具体表达式如下：

$$
\begin{cases}
\dfrac{\mathrm{d}y^{\mathrm{s}}}{\mathrm{d}\tau} = \dfrac{1}{\rho\varepsilon}\left(\sum_l e_l^{\mathrm{s}} + e_{\mathrm{ext}}^{\mathrm{s}} + e^{\mathrm{su}} + e^{\mathrm{so}} + e^{\mathrm{sr}}\right) \\[3mm]
\dfrac{\mathrm{d}s^{\mathrm{u}}}{\mathrm{d}\tau} = \dfrac{1}{\rho\varepsilon y^{\mathrm{u}}\omega^{\mathrm{u}}}\left[s^{\mathrm{u}}\left(\sum_l e_l^{\mathrm{s}} + e_{\mathrm{ext}}^{\mathrm{s}} + e^{\mathrm{su}} + e^{\mathrm{so}} + e^{\mathrm{sr}}\right) + \left(\sum_l e_l^{\mathrm{u}} + e_{\mathrm{ext}}^{\mathrm{u}} + e^{\mathrm{us}} + e^{\mathrm{uc}} + e_{\mathrm{wg}}^{\mathrm{u}}\right)\right] \\[3mm]
\dfrac{\mathrm{d}y^{\mathrm{o}}}{\mathrm{d}\tau} = -\dfrac{\mathrm{d}\omega^{\mathrm{o}}}{\mathrm{d}y^{\mathrm{s}}}\dfrac{y^{\mathrm{o}}}{\rho\varepsilon\omega^{\mathrm{o}}}\left(\sum_l e_l^{\mathrm{s}} + e_{\mathrm{ext}}^{\mathrm{s}} + e^{\mathrm{su}} + e^{\mathrm{so}} + e^{\mathrm{sr}}\right) + \dfrac{1}{\rho\omega^{\mathrm{o}}}\left(e_{\mathrm{top}}^{\mathrm{o}} + e^{\mathrm{os}} + e^{\mathrm{oc}} + e^{\mathrm{or}}\right) \\[3mm]
\dfrac{\mathrm{d}y^{\mathrm{c}}}{\mathrm{d}\tau} = \dfrac{\mathrm{d}\omega^{\mathrm{o}}}{\mathrm{d}y^{\mathrm{s}}}\dfrac{y^{\mathrm{c}}}{\rho\varepsilon\omega^{\mathrm{c}}}\left(\sum_l e_l^{\mathrm{s}} + e_{\mathrm{ext}}^{\mathrm{s}} + e^{\mathrm{su}} + e^{\mathrm{so}} + e^{\mathrm{sr}}\right) + \dfrac{1}{\rho\omega^{\mathrm{c}}}\left(e_{\mathrm{top}}^{\mathrm{c}} + e^{\mathrm{cu}} + e^{\mathrm{co}}\right) \\[3mm]
\dfrac{\mathrm{d}m^{\mathrm{r}}}{\mathrm{d}\tau} = \dfrac{1}{\rho\xi^{\mathrm{r}}}\left(\sum_l e_l^{\mathrm{r}} + e_{\mathrm{ext}}^{\mathrm{r}} + e_{\mathrm{top}}^{\mathrm{r}} + e^{\mathrm{rs}} + e^{\mathrm{ro}}\right)
\end{cases}
$$

$$(4.3)$$

式中各项如图 4.1 所示，其意义如前所述。计算时将式（4.3）代入式（4.2）并将其中为零项略去，即可对质量方程进行数值求解计算。

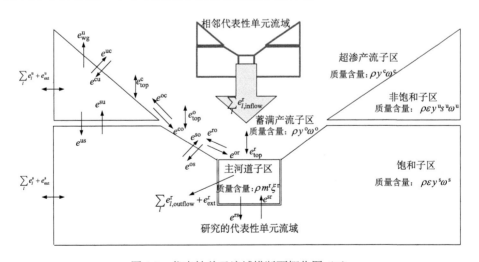

图 4.1　代表性单元流域横断面概化图（2）

经典 Runge-Kutta 法中计算时间步长 h 的取值为一定值，如日、时等。本书采用变步长 Runge-Kutta 法对模型方程进行求解，在经典 Runge-Kutta 法的原理上

增加了对步长 h 取值的判定，从而控制 h 的实际取值。随着步长的减小，计算截断误差就减小，同时也增大了计算量，导致舍入误差的积累。因而在使用变步长Runge-Kutta法计算代表性单元流域水文模型时，在给 h 取值时面临两个问题，即怎样衡量和检验计算结果的精度以及如何依据所获得的精度处理步长。

式（4.2）的局部截断误差为 $O(h^5)$ [104]，故有

$$y(t_{n+1}) - y_{n+1}^{(h)} \approx c(h)^5 \tag{4.4}$$

式中：$y(t_{n+1})$ 为真实值；$y_{n+1}^{(h)}$ 为 Runge-Kutta 法计算值；c 为系数。

将步长减半，即取 $\dfrac{h}{2}$ 为步长从 t_n 计算两步到 t_{n+1}，可得另一个 Runge-Kutta 法计算值 $y_{n+1}^{\left(\frac{h}{2}\right)}$，每计算一步的截断误差为 $c\left(\dfrac{h}{2}\right)^5$，因此有

$$y(t_{n+1}) - y_{n+1}^{\left(\frac{h}{2}\right)} \approx 2c\left(\frac{h}{2}\right)^5 = \frac{1}{16}c(h)^5 \tag{4.5}$$

由式（4.4）和式（4.5）可知，步长减半后误差大约减少到 $\dfrac{1}{16}$，可得如下事后估计式

$$y(t_{n+1}) - y_{n+1}^{\left(\frac{h}{2}\right)} \approx \frac{1}{15}\left[y_{n+1}^{\left(\frac{h}{2}\right)} - y_{n+1}^{h} \right] \tag{4.6}$$

折半前后两次计算结果的偏差为

$$\Delta = \left| y_{n+1}^{\left(\frac{h}{2}\right)} - y_{n+1}^{(h)} \right| \tag{4.7}$$

因此可以通过检查步长 h 以及折半前后计算结果偏差 Δ 来判定所选的步长是否合适，即有如下两种情况：

（1）对于给定的精度 ε，如果 $\Delta > \varepsilon$，则反复将步长折半进行计算，直到 $\Delta < \varepsilon$ 为止，取最终得到的 $y_{n+1}^{\left(\frac{h}{2}\right)}$ 作为结果；

（2）如果 $\Delta < \varepsilon$，则反复将步长加倍，直到 $\Delta > \varepsilon$ 为止，这时再将步长折半一次，得到所要的结果。

从表面上看，变步长 Runge-Kutta 法为选择步长，与经典 Runge-Kutta 法相比较每一步的计算量增加了，但全局考虑前者的计算效率和精确性都优于后者。

4.2　模　型　测　试

在将代表性单元流域水文模型应用于天然流域之前，有必要对其进行测试，其目的是保证代表性单元流域水文模型建模方法的正确及模型结构的合理。测试内容包括两个方面：一是检验模型中本构关系的适应性，即在气象条件、土地覆被、土壤类型以及地形地貌发生变化时模型中采用的本构关系是否能够真实再现流域水文响应的变化；二是检验模型求解的收敛性，即在模型中变量和参数存在复杂非线性相互作用情况下，四阶变步长 Runge-Kutta 法求解方程时能否保证计算结果的收敛。

4.2.1　测试项的选择

代表性单元流域水文模型的九个方程是由基本方程和本构关系两个部分组成的。基本方程是根据物理学定律由数学方法严密推导而得到，是描述水体运动过程中质量守恒和动量守恒动力学公理，因而不需要测试。几何特征建立的原理较为简单，动量特征是根据牛顿力学及已有的水动力学性质推导得到，且本书采用的简化后动量方程的表达形式为代数方程形式，故对这两项不作单项测试。下渗及渗流是质量项计算中较为重要的两项，是模型产流机理的重要表现形式，本节重点测试质量项中下渗项及渗流项本构关系的适应性及其求解的收敛性，同时测试不同情形下的模型整体表现。人工设定不同情形的气象条件、土地覆被、土壤类型以及地形地貌，计算质量交换项的输出，若计算结果与理论分析相符或与实际情况相符，则表明本模型中采用的质量本构关系具有良好的适应性，且求解收敛；若计算结果与理论分析相差较大或与实际情况相违背，则需分析问题所在，是因为本构关系不适应模型计算而导致还是求解方法发散而导致，抑或二者兼有。本次测试中变量取值及参数取值如表 4.2 所示。

表 4.2　模型测试参数表

类型	变量	取值
气象气候	降水强度（i）	10/15/20/25/30/40
	气候干旱指数（DI）	0.05/0.20
	降水历时（t_r）	48
植被情形	植被相对面积（M）	0.0/1.0
	蒸发能力比值（k_v）	1.0

续表

类型	变量		取值
土壤性质	饱和水力传导度（K_u）	粉砂壤土	3.4×10^{-6}
		砂壤土	3.4×10^{-5}
		砂土	8.6×10^{-5}
	泡点压力落差（$|\Psi_b|$）	粉砂壤土	0.45
		砂壤土	0.25
		砂土	0.15
	土壤孔隙度（ε）	粉砂壤土	0.35
		砂壤土	0.25
		砂土	0.20
	孔隙尺寸分布指数（$\beta_2^{|\psi|}$）	粉砂壤土	1.2
		砂壤土	3.3
		砂土	5.4
	扩散指数（d）	粉砂壤土	4.7
		砂壤土	3.6
		砂土	3.4
	初始土壤饱和度（$s^u(0)$）		0.0/0.05/0.1/0.15/0.2/0.5
水力特性	o 区糙率（n_m^o）		0.035
	c 区糙率（n_m^c）		0.070
	r 区糙率（n_m^r）		0.030
地形地貌	o 区相对面积计算系数	$\beta_1^{\omega^o}$	0.2/0.6
		$\beta_2^{\omega^o}$	0.4/0.8
		$\beta_3^{\omega^o}$	0.6/4.0
其他参数	α^{us}		1.0
	α^{cu}		0.1/1.0/10.0
	α_{wg}^u		5.0/150.0
	α^{or}		2.5
	α^{co}		1.5
	α_1^{so}		10.0/1000.0
	α_2^{so}		5.0/7.0
	α_3^{so}		2.5

4.2.2　下渗项测试

下渗项测试主要包括不同前期土壤含水量情形下的下渗情况，不同降水强度情形下的下渗情况，不同土壤类型情形下的下渗情况以及不同降水强度情形下的超渗产流情况。

1. 不同前期土壤含水量情形下的下渗情况

采用 15mm/h 的稳定降水强度连续对模型输入 48h，气候类型为干旱气候 $DI = 0.20$，下垫面完全被植被覆盖 $M = 1.0$，土壤类型选择粉砂壤土，初始土壤饱和度分别取值 0、0.05、0.10、0.15、0.20。计算所得下渗率随时间变化情况如图 4.2 所示。

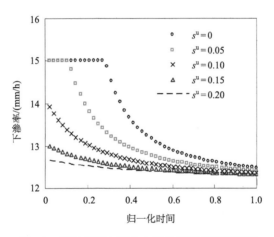

图 4.2　不同前期土壤含水量情形下的下渗情况

u 区初始土壤饱和度 $s^u(0)$ 反映了前期土壤含水量。由图 4.2 可以看出降水初期土壤下渗率随着前期含水量的增加而减少，随着降水过程的进行，五种降水情形下的下渗率趋近一致，逼近土壤稳定下渗率。很明显，在 $s^u = 0$ 和 $s^u = 0.05$ 两种情形下，降水初期土壤下渗能力大于降水强度，降水完全下渗；在 $s^u = 0.10$、$s^u = 0.15$ 和 $s^u = 0.20$ 三种情形下，降水初期土壤下渗能力小于降水强度，按下渗能力下渗。图 4.2 所得不同前期土壤含水量情形下的下渗性质与理论分析相符。

2. 不同降水强度情形下的下渗情况

分别采用 10mm/h、20mm/h、30mm/h 和 40mm/h 的稳定降水强度连续对模型输入 48h，气候类型为干旱气候 $DI = 0.20$ ，下垫面完全被植被覆盖 $M = 1.0$ ，土壤类型选择粉砂壤土，初始土壤饱和度取值为 0。计算所得下渗率随时间变化情况如图 4.3 所示。

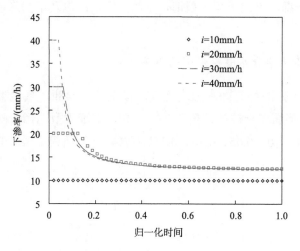

图 4.3　不同降水情形下的下渗情况

由图 4.3 可以看出，降水初期土壤下渗能力均大于降水强度，降水完全下渗。随着降水过程的进行，土壤下渗率减少，且降水强度越大下渗率减少情况发生越早，显然这是由降水强度越大则越早出现降水强度等于下渗能力这一现象引起的。图中 $i = 10\text{mm/h}$ 这一情形下降水强度始终小于下渗能力，因而自始至终按降水强度下渗，下渗率未发生变化。图 4.3 所得不同降水情形下的下渗性质与理论分析相符。

3. 不同土壤类型情形下的下渗情况

使用粉砂壤土和砂土两种性质差别较大的土壤进行此项测试。粉砂壤土颗粒粒径较小，透水性较差，不利于下渗过程的进行；相反，砂土颗粒粒径较大，透水性较好，利于下渗过程的进行。两种土壤的饱和水力传导度相差近 20 倍[105]，可以很好地反映不同土壤类型情形下的下渗情况。分别采用 10mm/h、20mm/h、30mm/h 和 40mm/h 的稳定降水强度连续对模型输入 48h，气候类型为干旱气候 $DI = 0.20$ ，下垫面完全被植被覆盖 $M = 1.0$ ，初始土壤饱和度取值为 0。计算所得下渗率随时间变化情况如图 4.4 所示。

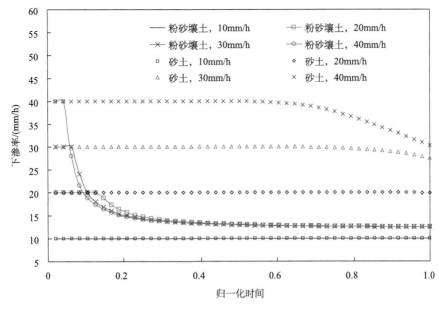

图 4.4　不同土壤类型情形下的下渗情况

图 4.4 中实线图为粉砂壤土在不同降水强度情形下的下渗率随时间变化情况，散点图为砂土在不同降水强度情形下的下渗率随时间变化情况。与预期结果相符，由图 4.4 可以看出砂土具有较好的下渗性质，当降水强度为 40mm/h 时，整个降水过程中约有 3/5 时间的降水全部下渗；当降水强度为 30mm/h 时，整个降水过程中约有 4/5 时间的降水全部下渗；当降水强度为 10mm/h 和 20mm/h 时，整个降水过程中的降水全部下渗。粉砂壤土具有较差的下渗性质，较易按下渗能力下渗，仅当降水强度为 10mm/h 时，整个降水过程中的降水全部下渗。图 4.4 所得到的土壤下渗性质与理论分析相符。

4. 不同降水强度情形下的超渗产流情况

图 4.3 情形下的 c 区产流情况如图 4.5 所示。降水初期降水完全下渗，四种情形下均无超渗产流现象发生。随着降水过程的进行，降水强度较大的情形下先发生超渗产流现象，同时其产流率也较高。在整个降水过程中，降水强度为 10mm/h 情形下无超渗产流现象发生，降水完全下渗。图 4.5 所得到的超渗产流性质与理论分析相符。

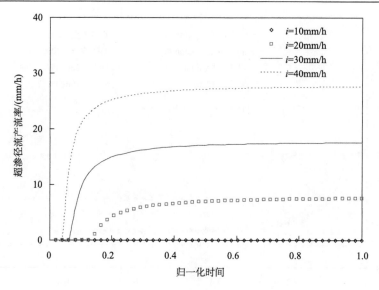

图 4.5　不同降水情形下的超渗产流情况

4.2.3　渗流项测试

渗流项测试主要是测试不同地形及不同土壤类型情形下的渗流情况。

1. 线性地形与非线性地形

本书的线性地形与非线性地形是指蓄满产流子区相对面积 ω^o 与饱和子区厚度 y^s 之间的线性关系与非线性关系，虽然 ω^o 与 y^s 之间的计算表达式为一非线性多项式，但当地形参数 $\beta_1^{\omega^o}$、$\beta_2^{\omega^o}$ 和 $\beta_3^{\omega^o}$ 取值恰当时，ω^o 与 y^s 之间的关系近似为线性。线性地形情形下，蓄满产流子区地表各处坡度 γ^o 相近，坡面比较平整；非线性地形下，蓄满产流子区地表坡度 γ^o 的空间变异性较大，坡面洼地及凸起较多。本书中当地形参数取表 4.2 中第一组值，即 $\beta_1^{\omega^o}=0.2$、$\beta_2^{\omega^o}=0.4$ 及 $\beta_3^{\omega^o}=0.6$ 时，ω^o 与 y^s 之间的关系近似为线性；当取第二组值，即 $\beta_1^{\omega^o}=0.6$、$\beta_2^{\omega^o}=0.8$ 及 $\beta_3^{\omega^o}=4.0$ 时，ω^o 与 y^s 之间的关系为非线性。地形参数取两组不同值计算的 ω^o 与 y^s 之间的关系如图 4.6 所示，图 4.6（a）为线性地形情形，图 4.6（b）为非线性地形情形。

由图 4.6 可以看出，对应于相同饱和子区厚度，线性地形的蓄满产流子区相对面积增加比非线性地形要快很多，天然流域中地形大多为非线性地形，因而采用线性地形计算饱和坡面流即渗流时，计算值往往会偏大。

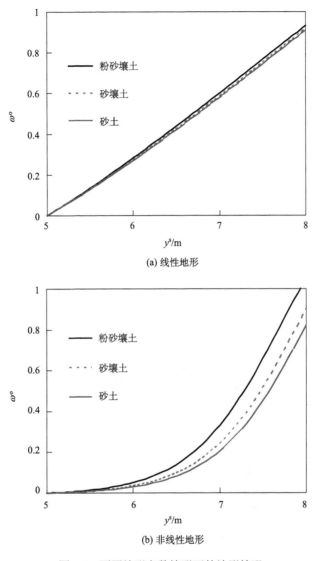

(a) 线性地形

(b) 非线性地形

图 4.6　不同地形参数情形下的地形情况

2. 不同地形及土壤类型情形下的渗流情况

采用 10mm/h 的稳定降水强度对模型输入 48h，气候类型为干旱气候 DI = 0.20，下垫面完全被植被覆盖 M = 1.0，初始土壤饱和度 s^u = 0.5。选用粉砂壤土、砂壤土和砂土以及线性地形和非线性地形测试不同地形及土壤类型情形下的模型计算渗流情况。自降水发生起 240h 内的渗流流量计算值如图 4.7 所示。

　　由图 4.7 可以看出，三种土壤在线性地形情形下渗流现象发生的时间都比非线性地形情形下要早，且前者渗流量要大于后者。实际情况下，由图 4.6 可知，同样的饱和子区厚度即同样地下水水位，线性地形对应的蓄满产流子区面积即渗流面面积大于非线性地形，因而线性地形情形下的渗流现象发生时间应该比非线性地形要早，且洪峰流量要大。模型计算结果与实际情况一致。由图 4.7 还可以看出，砂土情形下的渗流洪峰出现时间比其他两种土壤要早且数值要大。实际情况下，砂土的饱和水力传导度要大于粉砂壤土和砂壤土，透水性能为三种土壤中

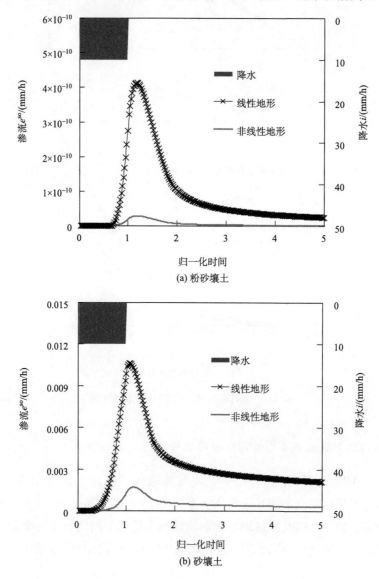

(a) 粉砂壤土

(b) 砂壤土

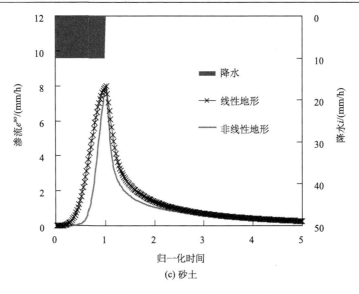

图 4.7　不同地形及土壤类型情形下的渗流情况

最好的，因而其渗流洪峰出现时间必然比其他两种土壤要早，且峰值要高于其他两种土壤。这也同样表明模型计算结果与实际情况一致。

4.2.4　综合情形整体测试

为进一步测试代表性单元流域水文模型在各种情形下整体的适应性及求解的收敛性，本节使用五种综合情形对模型整体进行测试。五种情形中包括两种气候类型：湿润气候即 DI = 0.05，干旱气候即 DI = 0.20；两种覆被情形：完全植被覆盖 $M = 1.0$，完全裸土 $M = 0$；两种土壤类型：砂壤土和砂土；两种地形情形：线性地形和非线性地形。五种情形列于表 4.3 中。

表 4.3　五种测试综合情形

情形序号	干旱指数	植被相对面积	地形类型	土壤类型
1	0.05	0	线性	砂土
2	0.20	0	线性	砂土
3	0.05	1.0	线性	砂土
4	0.05	0	非线性	砂土
5	0.05	0	线性	砂壤土

采用 15mm/h 的稳定降水强度对模型输入 10h，选用自降水发生起 50h 内的

降水-流量、非饱和子区饱和度-地下水回灌或提升速率、渗流量-饱和面面积（蓄满子区面积）及下渗量-蒸发量四种变量之间的关系作为分析对象来测试模型整体表现。五种情形下的四种变量之间关系的计算结果如图 4.8 所示。

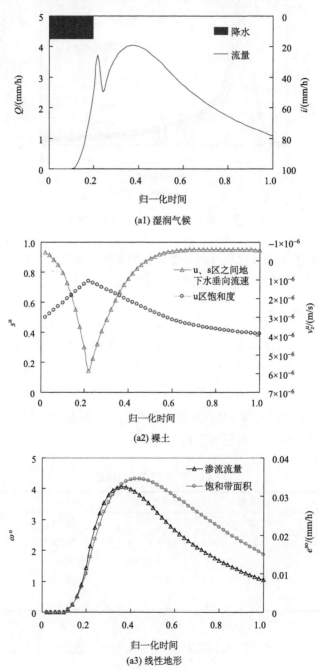

(a1) 湿润气候

(a2) 裸土

(a3) 线性地形

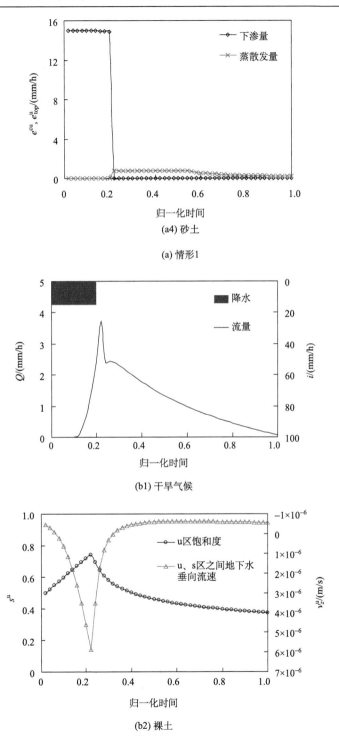

(a4) 砂土

(a) 情形1

(b1) 干旱气候

(b2) 裸土

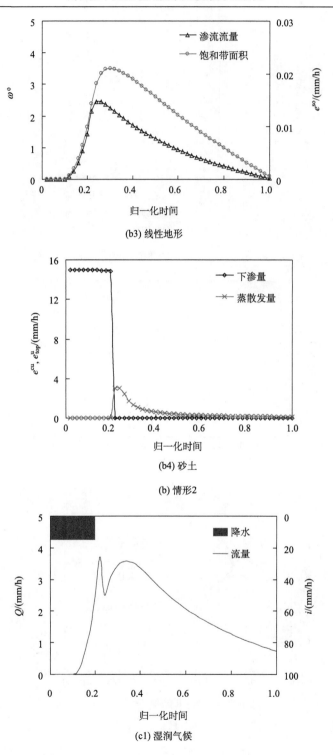

(b3) 线性地形

(b4) 砂土

(b) 情形2

(c1) 湿润气候

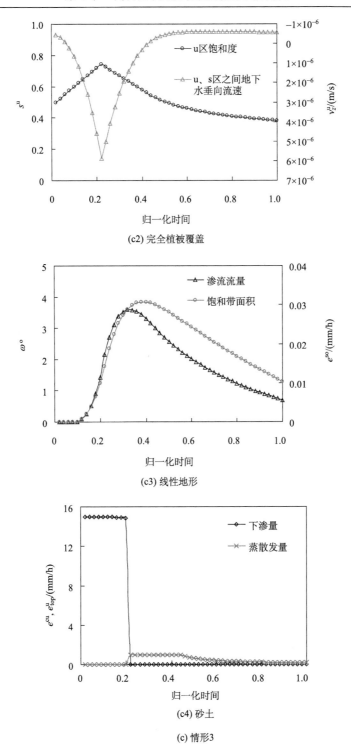

(c2) 完全植被覆盖

(c3) 线性地形

(c4) 砂土

(c) 情形3

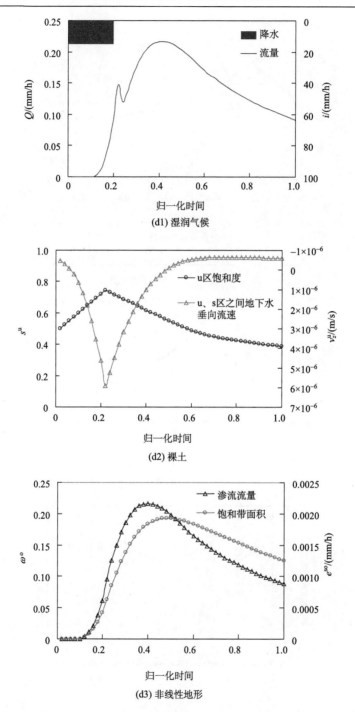

(d1) 湿润气候

(d2) 裸土

(d3) 非线性地形

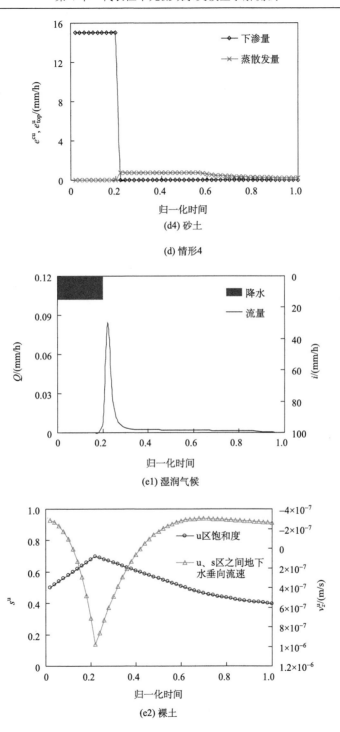

(d4) 砂土

(d) 情形4

(e1) 湿润气候

(e2) 裸土

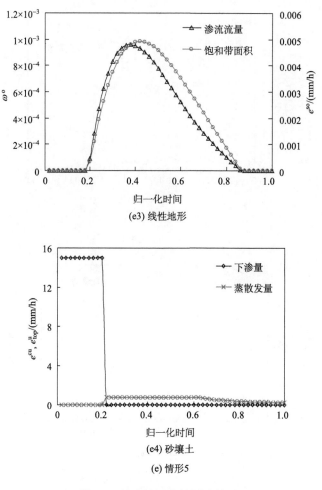

图 4.8　综合情形整体测试结果

　　由图 4.8 可以看出，代表性单元流域水文模型对不同情形相互组合构成的综合情形具有较好的响应：

　　（1）洪峰形状方面，模型计算结果与理论分析相符。前四种情形流量过程为双峰，第五种情形为单峰。实际情况下，砂土比砂壤土具有更好的透水性质，渗流容易形成，因而在直接径流形成第一个洪峰以后出现由渗流形成的第二个洪峰。砂壤土的持水能力强于砂土，渗流现象不易发生，因而其洪峰形状为单峰。

　　（2）洪峰量级方面，模型计算结果与理论分析相符。计算结果中前三种情形下峰值大于后两种情形。第四种情形为非线性地形，由 4.2.2 节第 2 点分析可知，第四种情形峰值较小的主要原因为非线性地形下饱和坡面相对面积较线性地形要小，从而渗流量偏小，导致了峰值偏小。第五种砂壤土情形下几乎没有发生渗流现象，洪峰完全由直接径流构成，因而峰值也较前三种情形小。五种情形下洪峰量级比较如图 4.9 所示。

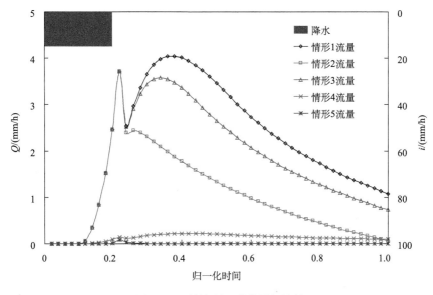

图 4.9　五种情形下洪峰量级比较

（3）土壤饱和度模型计算结果与理论分析相符。降水过程停止后，第二种情形下非饱和子区土壤饱和度减小速度快于其他四种情形。第二种情形为干旱气候，其干旱指数为 0.20，其余四种情形为 0.05，在同样降水强度情况下前者蒸散发能力是后者的四倍，因而前者土壤中的水分更易于通过地表和植被进行蒸散发。五种情形下非饱和子区土壤饱和度变化过程比较见图 4.10。

（4）垂向地下水运动速率模型计算结果与理论分析相符。第五种情形下的非饱和子区与饱和子区之间的垂向地下水交换速率小于其他四种情形，第二种情形下地下水运动方向由向下转变为向上要快于其他四种情形。第五种情形下的土壤类型为砂壤土，其透水性较砂土要差，故在其他情况相同的前提下土壤水运动速率较小。第二种情形下，为满足蒸散发需求，地下水运动方式由回灌转变为提升必然快于其他四种情形。五种情形下垂向地下水交换速率比较如图 4.11 所示。

（5）类似于（2）的分析，饱和坡面相对面积与渗流流量大小的模型计算值与理论分析也相吻合，如图 4.12 和图 4.13 所示。

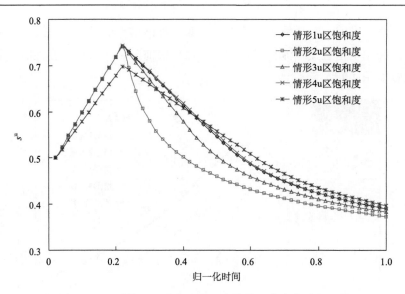

图 4.10　五种情形下非饱和子区土壤饱和度变化过程比较

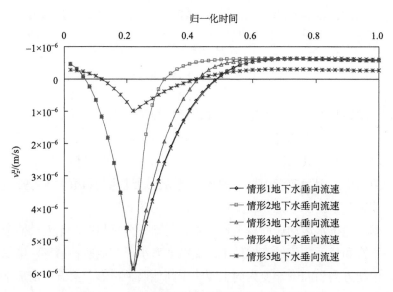

图 4.11　五种情形下垂向地下水交换速率比较

（6）蒸散发量模型计算结果与理论分析相符。第二种情形下蒸散发量最大，第三种情形次之，其余三种情形相当。根据分析（3）的分析，第二种情形下蒸散发能力为其他四种情形的 4 倍，在充分供水情况下，其蒸散发总量必然为最大。第三种情形下，由于植被蒸腾作用，蒸散发量理论上应大于裸土蒸散发量[97-103]。模型计算结果还表明在其他条件相同的情况下，气候变化对流域蒸散发量的影响要强于植被覆盖率变化对流域蒸散发量的影响。该点结论尚无有力的理论支持，因此不作为模型适应性测试评判标准。五种情形下蒸散发量比较如图 4.14 所示。

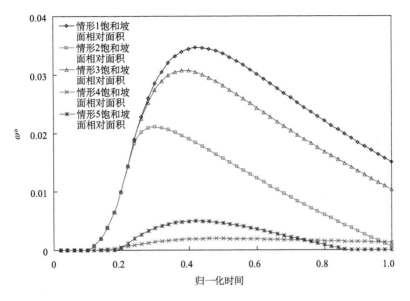

图 4.12　五种情形下饱和坡面相对面积比较

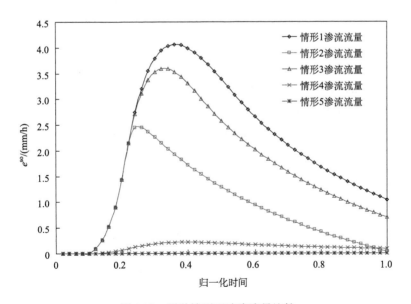

图 4.13　五种情形下渗流流量比较

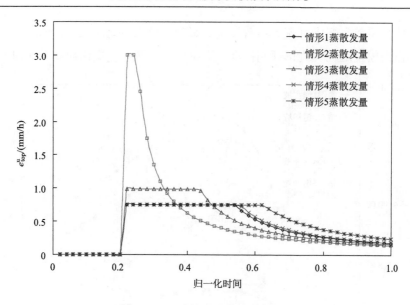

图 4.14　五种情形下蒸散发量比较

（7）图 4.15 为五种情形下渗流流量与饱和坡面相对面积（蓄满产流子区相对面积）之间的关系图，流量-相对面积曲线为一组绳套曲线，饱和坡面相对面积的变化滞后于渗流流量的变化。文献[107]和文献[108]在非线性径流响应研究及水分示踪研究时，实验观测资料显示一次较短时间降水过程中，当饱和坡面径流量达到最大时，饱和坡面面积并未到峰值。饱和坡面径流主要由降落在饱和面上的降水及渗流两部分组成，较短时间降水过程可以近似认为其雨强不变，饱和坡面流流量变化可以代表渗流流量的变化，因而文献[107]和文献[108]的观测资料说明了实际情况下饱和坡面相对面积的变化滞后于渗流流量的变化，这就表明模型计算结果与实际情况相符合。未来研究中可以对实验区域输入瞬时降水，以排除降水对该项研究的影响，从而获得更为准确的渗流流量与饱和坡面相对面积之间的关系。

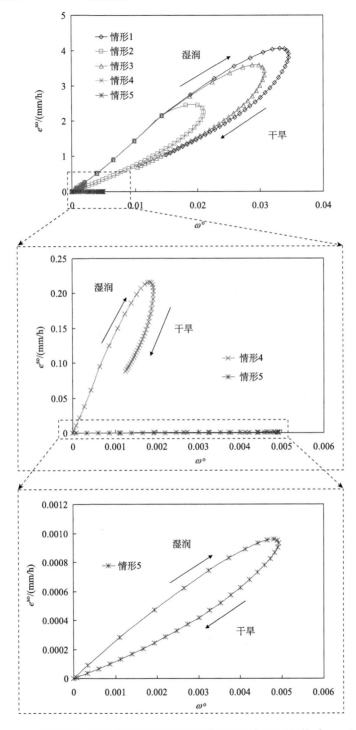

图 4.15　五种情形下渗流流量与饱和坡面相对面积关系

第5章 代表性单元流域水文模型应用检验

一些专家认为最简单的方法就是最好的方法。这有些混淆问题的主次，如果其他所有条件都相同，这话显然是正确的。遗憾的是其他所有条件一般并不相同，首要标准应当是精确，在证明不同方法具有同样精确度之前，简单应当是次要标准。

——*Ray K. Linsley, 1986*

通过模型测试，证实了代表性单元流域水文模型建模思想的正确性，确定了代表性单元流域水文模型结构的合理性，保证了代表性单元流域水文模型求解的稳定性，回答了代表性单元流域水文模型"能不能使用"的问题。代表性单元流域水文模型作为一个模拟流域水文过程的逻辑装置和研究流域水文循环的工具，还必须检验其"再现效率"，即检验模型"模拟得好不好"的问题。本章将代表性单元流域水文模型应用于淮河流域一级支流史灌河流域上游区域，该区域是全球能量水循环实验亚洲季风试验区淮河流域试验范围内的一个小流域，该区域气候湿润、降水丰沛、地形复杂、植被茂密、受人类活动影响较小，资料较为充分，用于模型检验较为合适。

以往在检验流域水文模型表现优劣时，通常以模型对日径流过程和洪水过程的再现能力作为对其评判的标准。代表性单元流域水文模型可以对水文过程中的很多变量进行模拟输出，本书在资料允许的情况下，除了检验模型对日径流过程和洪水过程的再现能力外，还检验了模型对蒸散发能力和土壤含水量的模拟效果，通过以上四个方面综合检验了代表性单元流域水文模型的模拟效率。

本章首先介绍了检验区域——黄泥庄流域的概况，同时对采用资料逐一介绍。然后应用代表性单元流域水文模型对黄泥庄流域 1982~1986 年流域平均蒸散发能力、1998~1999 年汛期流域平均含水量、1980~1990 年和 2001~2005 年日径流过程以及 1980~1987 年间 12 场洪水分别进行模拟，并与实测资料进行比较。最后根据检验结果对代表性单元流域水文模型作一客观评价。

5.1　研究区概况及资料准备

5.1.1　研究区概况

选择全球能量水循环实验（GEWEX）亚洲季风试验（GAME）区淮河流域试验（HUBEX）范围内史灌河流域上游黄泥庄水文站以上的集水面积为研究区域。黄泥庄流域位于东经 115°21′～115°43′，北纬 31°06′～31°42′，行政区划属安徽省金寨县。黄泥庄水文站控制面积 805km²，属于湿润地区。流域内部分布九个雨量站，其中五个为汛期雨量观测站，一个水文站，无蒸发观测站。流域年平均降水量约为 1077mm，降水年内时空分布不均匀，50%～80%降水集中在 6～9 月，且多以阵雨形式出现。流域内部地形复杂，高山平原兼有。流域平均高程 479m，最高处 1576m。整个流域水系及植被发育良好，受人类活动影响较小。整个流域水系图如图 5.1 所示，流域内雨量观测站及流量观测站如图 5.2 所示，位置及高程如表 5.1 所示。

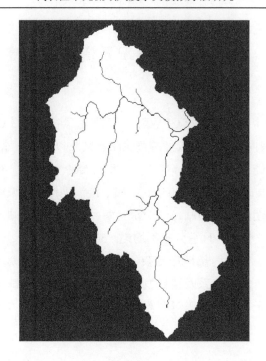

图 5.1　黄泥庄流域水系图

图 5.2　黄泥庄流域雨量站及水文站位置

表 5.1　黄泥庄流域雨量站、水文站信息

| 水系 | 河名 | 站名 | 地理位置 | | 高程/m |
			经度	纬度	
史河水系	白沙河	禅堂	115°28′E	31°24′N	260
	西河	西河	115°25′E	31°25′N	440
	白沙河	关庙	115°30′E	31°30′N	190
	沙河	银沙	115°28′E	31°35′N	330
	蔡家河	徐坳	115°35′E	31°12′N	370
	根河	吴店	115°34′E	31°17′N	250
	根河	斑竹园	115°33′E	31°21′N	250
	史河	黄泥庄	115°37′E	31°28′N	170
	桥边河	马鬃岭	115°40′E	31°18′N	1170

5.1.2　资料准备

1. 水文资料

本书采用的降水资料、流量资料及断面资料来自《中华人民共和国水文年鉴》和全球能量水循环实验亚洲季风试验区淮河流域试验观测资料。包括 1980～1990 年和 2001～2005 年共 16 年日降水资料、日流量资料、日蒸发资料和实测大断面资料，1980～1990 年间 26 场次径流过程的降水量摘录资料和洪水要素摘录资料，以及 1998 年和 1999 年梅雨期日降水资料、日流量资料、日蒸发资料和日土壤含水率资料。

2. 地形资料

地形资料采用美国国家航空航天局（National Aeronautics and Space Administration，NASA）和美国国家地理空间情报局（National Geospatial Intelligence Agency，NGA）提供的航天飞机雷达地形测绘任务全球三秒高程数据（shuttle radar topography mission 3 arc-second，SRTM3）[109]。应用 ArcGIS 等地理信息系统软件自动描绘流域边界，划分 Thiessen 多边形[110]、代表性单元流域，生成水系等（图 5.3～图 5.7）。

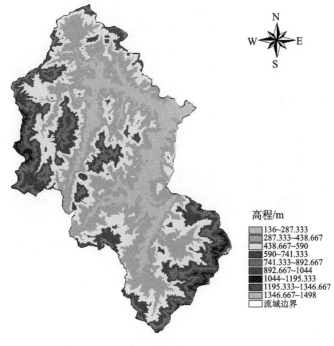

高程/m
- 136~287.333
- 287.333~438.667
- 438.667~590
- 590~741.333
- 741.333~892.667
- 892.667~1044
- 1044~1195.333
- 1195.333~1346.667
- 1346.667~1498
- 流域边界

图 5.3　黄泥庄流域高程

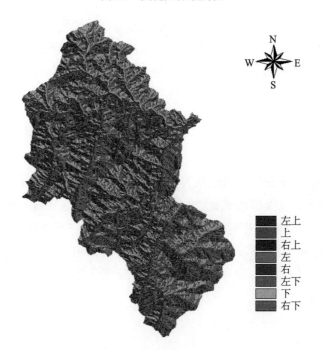

- 左上
- 上
- 右上
- 左
- 右
- 左下
- 下
- 右下

图 5.4　黄泥庄流域水流流向

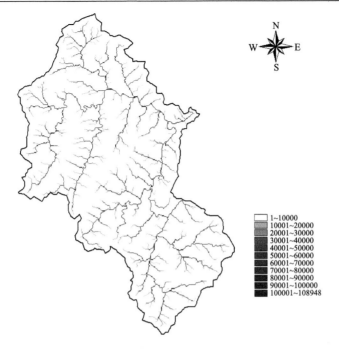

图 5.5　黄泥庄流域集水面积

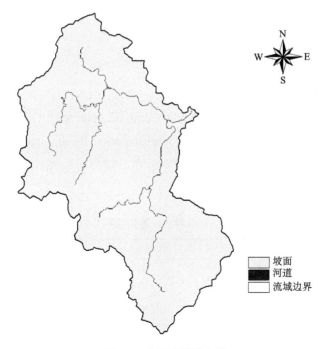

图 5.6　黄泥庄流域水系

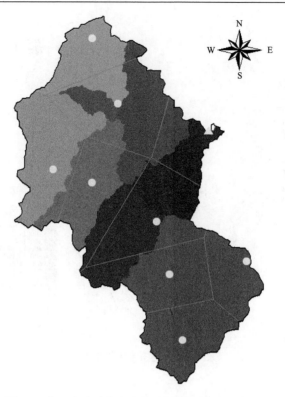

图 5.7　黄泥庄流域泰森多边形与代表性单元流域划分

3. 土地覆被资料

采用美国地质调查局（United States Geological Survey，USGS）提供的国际地圈－生物圈计划（International Geosphere-Biosphere Programme，IGBP）全球 30 秒土地覆被数据描述研究区域的土地覆被分布，如图 5.8 所示。各种土地覆被占覆被总面积百分比及特征见表 5.2。

表 5.2　黄泥庄流域各种土地覆被面积百分比及特征

土地覆被名称	面积百分比/%	根系深度/m	曼宁糙率系数
常绿针叶林（evergreen needle-leaved forest）	1.459	1.000	0.100
落叶阔叶林（deciduous broad-leaved forest）	3.920	1.250	0.100
混交林（mixed forest）	2.826	1.125	0.100
林地（wood land）	81.038	0.997	0.100
多木草地（wooded grassland）	9.207	0.872	0.035
农田（cropland）	1.550	0.750	0.035

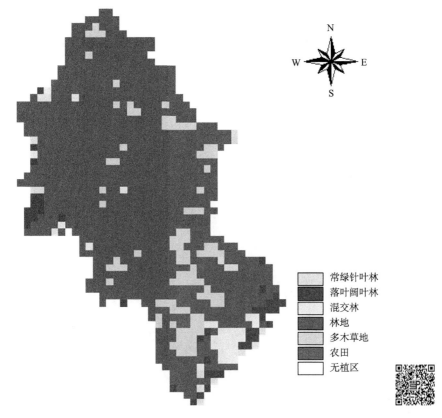

	常绿针叶林
	落叶阔叶林
	混交林
	林地
	多木草地
	农田
	无植区

图 5.8　黄泥庄流域土地覆被类型

4. 土壤类型资料

土壤质地分类采用联合国粮食及农业组织（Food and Agriculture Organization of the United Nations，FAO）发布的世界土壤数字图（digital soil map of the world）[113]。该资料的原始文件格式为 Shape 文件，经 ArcView 软件处理成空间分辨率为 3s 的栅格文件。图 5.9 为黄泥庄流域土壤质地空间分布，该区域具有两种 FAO 土壤类型，标号为 3085 和 3963。根据日本山梨大学提供的 FAO 土壤颗粒配比资料和美国农业部土壤质地三角形[114]，黄泥庄流域的土壤类型属黏壤土和壤土。各土壤类型的参数根据文献[115]确定。表 5.3 为黄泥庄流域各 FAO 土壤编号、类型、占土壤总面积百分比及土壤颗粒配比，表 5.4 为美国农业部各 USDA 土壤类型的田间持水量、凋萎含水量和有效孔隙率。

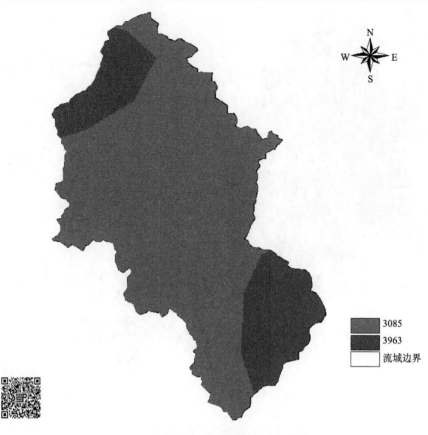

图 5.9　黄泥庄流域土壤类型

表 5.3　黄泥庄流域各 FAO 土壤类型百分比及颗粒配比　　（单位：%）

FAO 土壤编号	美国农业部土壤类型	占土壤总面积百分比	土壤颗粒配比		
			黏土	砂土	粉土
3085	黏壤土	77.666	39.6859	38.0464	22.2677
3963	壤土	22.334	25.2450	45.0220	29.7330

表 5.4　美国农业部各 USDA 土壤类型的土壤参数　　（单位：cm³/cm³）

USDA 土壤类型	田间持水量	凋萎含水量	有效孔隙率
黏壤土	0.34	0.21	0.46
壤土	0.29	0.14	0.43

5. 归一化植被指数资料

归一化植被指数（normalized differential vegetation index，NDVI）是表征流域内绿色植被覆盖密度的度量指数。归一化植被指数与冠层的分布密度和绿色叶面的比例成正比。在植被分布较为稠密的地区，归一化植被指数为 0.1～0.6；由于云层、水和雪的可见光反射率较近红外反射率高，因此归一化植被指数常为负值；而岩石和裸土区域的可见光反射率和近红外反射率相近，归一化植被指数约等于零[116]。本书采用美国地质调查局地球资源观测系统（earth resources observation system，EROS）资料中心提供的美国国家海洋大气局（National Oceanic and Atmospheric Administration，NOAA）改进型甚高分辨率辐射计（advanced very high resolution radiometer，AVHRR）全球采样数据。黄泥庄流域平均归一化植被指数如图 5.10 所示。

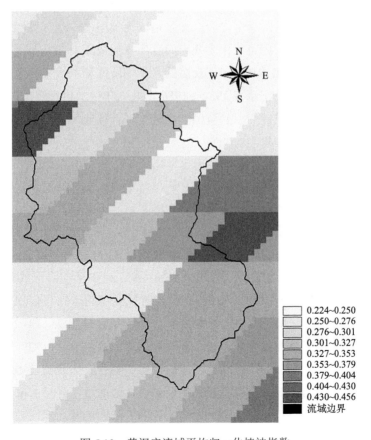

0.224~0.250
0.250~0.276
0.276~0.301
0.301~0.327
0.327~0.353
0.353~0.379
0.379~0.404
0.404~0.430
0.430~0.456
流域边界

图 5.10　黄泥庄流域平均归一化植被指数

6. 气象资料

除降水资料外，气象资料还包括日平均温度、日平均温度范围、云层覆盖、水汽压和风速。本书采用政府间气候变化专门委员会（Intergovernmental Panel on Climate Change，IPCC）提供的全球 30 年平均气象资料[117]。

5.2　蒸散发能力计算应用检验

通常情况下检验水文模型表现好坏采用流域出口处的流量特征进行评价，包括洪量特征、洪峰特征和峰现特征等。在资料充足的情况下，基于代表性单元流域的水文模型可以对流域蒸散发情形进行独立计算，将计算蒸散发能力值作为中间结果输出。因而，在使用流量特征检验代表性单元流域水文模型表现好坏之前，可以使用蒸散发特征对模型的蒸散发模块进行检验。蒸散发能力计算应用检验不仅可以作为整个模型检验的一个方面，而且可以为模型进一步计算的输入提供保证，当模型表现不佳时，还可以作为判断问题所在的依据。

本书采用 NOAA-AVHRR-NDVI 反演的月平均叶面积指数来表示黄泥庄流域植被生长情况。采用黄泥庄流域 1982～1987 年共六年资料进行蒸散发能力计算，将计算所得的植被蒸散发能力、土壤蒸散发能力、计算流域平均蒸散发能力和实测水面蒸发量进行比较分析。

5.2.1　叶面积指数

绿色植被是陆面蒸散发过程的主要决定因素，它能够增加陆表粗糙度，加快水汽的湍流交换，促进植物根系汲取土壤水分[118]。其中叶面积指数（leaf area index，LAI）是描述植被冠层结构的最基本的参量之一。LAI 控制植被的各种生物、物理过程，如光合作用、呼吸作用、植被蒸腾、碳循环和降雨截留[119]，是陆面过程中一个重要的结构参数。表征绿色植被时空变化的 LAI 可以通过卫星遥感资料进行反演。最为常用的遥感估算 LAI 的方法为统计模型法，即以植被冠层的光谱数据为自变量建立计算模型。光合作用下，绿色植物叶片内的叶绿素强烈吸收可见光（主要为红光），因此可见光波段的反射率包含了大量植被冠层顶叶面的大量信息；而植被对近红外波段有很高的反射率，因此近红外反射率包含了植被冠层内叶面的信息[120]。Tucker 和 Sellers[121]认为若陆面的叶面积指数增加，则遥感图像的近红外反射率（ρ^{NIR}）增加，可见光反射率（ρ^{VIS}）降低，因此 LAI 可以通过遥感图像的归一化植被指数推求，如式（5.1）所示。

$$NDVI=\left(\rho^{NIR}-\rho^{VIS}\right)/\left(\rho^{NIR}+\rho^{VIS}\right) \tag{5.1}$$

本书采用遥感影像处理软件 ENVI 将 NDVI 影像由等面积投影（interrupted Goode homolosine）转换为空间分辨率为 30″的地理坐标投影（geographic，latitude/longitude）。由于遥感影像受上空云层的影响，减弱了 NDVI 的值，需要对遥感影像进行去云处理。目前最为普遍和简单的方法是最大像元合成法（maximum value composites，MVC），即取同一像元最大 NDVI 来增加无云、晴天情况下的 NDVI 贡献。本书采用 MVC 法进行去云处理，选取各像元在各月中的最大 NDVI 值，从而获得各月的 NDVI 影像。利用 NOAA-AVHRR-NDVI 数据反演黄泥庄流域 1982 年 1 月～1987 年 12 月期间共 72 幅月 LAI 空间分布图（空间分辨率为 30s）。将该 72 幅月 LAI 空间分布图中属相同月份的若干幅月 LAI 空间分布图按对应栅格单元进行算术平均统计，以此来表征黄泥庄流域在年内各月的 LAI 空间分布。图 5.11 为采用 NDVI 反演的黄泥庄流域各月叶面积指数空间分布。

由图 5.11 可以看出黄泥庄流域 5～9 月叶面积指数较大，其他月份较小。5～9 月期间日照充足、雨水充沛，为植物生长提供了丰富的能量和水分，此时整个流域的叶面积指数值较高；其他月份的太阳辐射强度较低、降水减少，因此整个流域的叶面积指数较低。由图 5.12 可以看出黄泥庄流域月平均叶面积指数最大值出现在 8 月，这是因为黄泥庄流域植被中林地和多木草地占整个流域面积 90%以上，8 月该两种植被枝叶最为茂盛，因而此时流域平均叶面积指数较高。

5.2.2　蒸散发特征值检验

图 5.13 是以黄泥庄实测水面蒸发值为横坐标、流域平均蒸散发能力计算值为纵坐标的蒸散发值比较图。可以看出，计算值与实测值较符合，图中的点较为均匀地分布在 $y=x$ 直线两侧。在实测水面蒸发值的大值区域中，有若干点分布偏离 $y=x$ 直线。在这些点中最为偏离的 9 个点均由 7～9 月间流域平均蒸散发能力计算值小于实测水面蒸发值过多而引起。由于黄泥庄流域内无蒸发观测站，实测水面蒸发资料移用最近蒸发站——梅山水文站资料，经分析引起以上现象的主要原因如下：①梅山水文站高程为 93m，而黄泥庄流域平均高程为 479m。低海拔地区气温较高，蒸散发较为强烈，而高海拔地区的气温较低，蒸散发的大气需求也较低，较大高程差值导致了蒸散发相差较大，在 7～9 月温度较高时差别比其他月份更为明显。②黄泥庄流域位于史河上游，受人类活动影响较小；梅山水文站

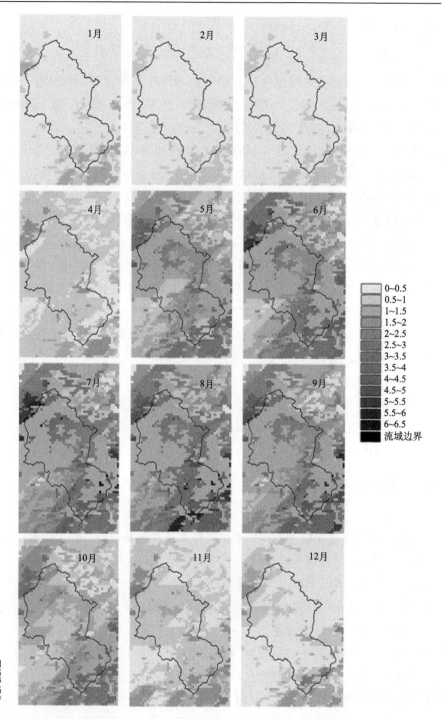

图 5.11　采用 NDVI 反演的黄泥庄流域各月叶面积指数空间分布

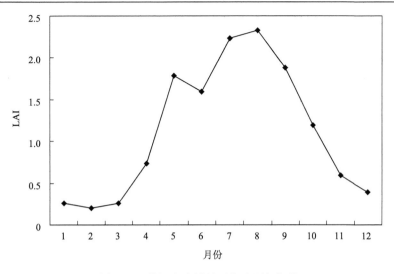

图 5.12　黄泥庄流域月平均叶面积指数

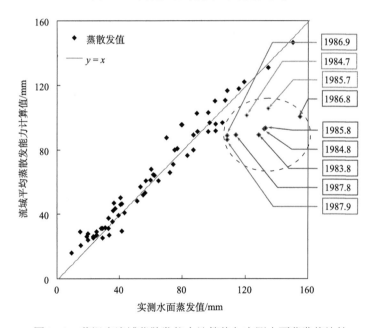

图 5.13　黄泥庄流域蒸散发能力计算值与实测水面蒸发值比较

位于安徽省金寨县内，受人类活动影响较大，如热岛效应等，人类活动加剧了两者之间的温度差。温度是影响水面蒸发的重要因素之一，因此 7～9 月间黄泥庄流域与梅山水文站较大温度差异也是导致黄泥庄流域实测水面蒸发值与流域平均蒸散发能力计算值差异的主要原因之一。综上所述，模型蒸散发模块能够较为准确地计算出流域空间平均蒸散发能力，为模型进一步计算提供较为精确的输入。但实测资料的移用为进一步评价蒸散发模块表现的优劣带来困难。由于未能获得其他年份相关资料，本书未能分析其他年份情况下流域平均蒸散发能力对实测水面蒸发的模拟效果，今后将搜集该方面的资料对此进行进一步研究。

5.3　土壤含水量计算应用检验

在陆面过程中，土壤水至关重要，它直接影响着蒸发及感热与潜热通量的分配。由于土壤水在整个水文循环过程中是中间状态变量，处于十分重要的地位，既作用于能量平衡，又影响水分循环[122]，所以本书选择土壤含水量作为检验模型表现优劣的第二个标准。

40 年前，世界气象组织（World Meteorological Organization，WMO）和国际科学联盟理事会（International Council of Scientific Unions, ICS）共同发起组织规模空前的国际研究计划：世界气候研究计划（World Climate Research Programme，WCRP）[123]，认为水循环在其中起着关键性的联结作用。世界气候研究计划设置了全球能量水循环实验（Global Energy and Water Cycle Experiment，GEWEX）项目，着重研究陆面物理过程。全球能量水循环实验亚洲季风试验（GEWEX Asian Monsoon Experiment，GAME）选定淮河流域、青藏高原、湄公河流域及西伯利亚进行水分、能量观测试验，为区域气候与水文的相互作用研究提供基础数据。在中国国家自然科学基金项目资助下，在中日科学家共同努力下[124]，淮河流域试验（Huaihe River Basin Experiment，HUBEX）于 1998 年 5～9 月和 1999 年 5～9 月进行了野外观测，获得了大量同期的水分、能量实测数据。淮河流域试验水文强化观测区选定在史灌河流域，1998 年和 1999 年月加密观测期间，史灌河流域内梅山、鲇鱼山和蒋集三处设置了土壤含水量观测点，每天上午 9 时左右在地表、地面以下 15cm、30cm、45cm、60cm 和 90cm 深处 6 个点应用澳大利亚 ICT 公司 MP 土壤水分探测仪进行观测，然后再转换成土壤体积含水率。本书利用 1998 年和 1999 年淮河流域试验观测数据,运用代表性单元流域水文模型对史灌河流域黄泥庄水文站以上集水面积——黄泥庄流域的土壤体积含水率进行了模拟，由于黄泥庄水文站未设置土壤含水量观测点，本书将黄泥庄流域土壤体积含水率计算值与梅山水文站土壤体积含水率实测值进行比较分析。

图 5.14 和图 5.15 分别为 1998 年和 1999 年黄泥庄流域土壤含水量计算值与梅山站实测值比较。由图中可以看出模型计算值和实际观测值在时间序列上具有

良好的一致性,尤其是计算值与实测平均值具有更好的一致性。对图 5.14 和图 5.15 分析如下:

(1)从图中可以看出,间雨期和小雨过程中大部分计算值都小于实测值,如图中虚线方框所示。经分析,类似于蒸散发能力计算检验时的问题所在,仍然是由于海拔差异较大及站点不一致而引起。黄泥庄流域为梅山水文站集水面积以上的子流域,其平均高程远高于梅山水文站的高程,计算值为黄泥庄流域平均土壤体积含水率,实测值为梅山水文站单点土壤体积含水率,梅山站又位于流域出口处,因而间雨期和小雨过程中计算值小于实测值就不足为奇了。

(2)在大雨期,尤其是全流域大雨时,计算值和实测值吻合得较好,如图中虚线圆圈所示。依时间顺序,三场大雨过程中黄泥庄流域面平均雨量依次为 1998 年 5 月 21~23 日 107.0mm,1998 年 8 月 15~17 日 85.6mm,1999 年 6 月 27~30 日 160.9mm,同期梅山水文站实测雨量依次为 81.0mm、89.0mm、131.9mm。这三次降水过程中,两者降水量相当,且黄泥庄流域内部降水分布较为均匀,同时计算值与实测值又吻合得较好,这充分说明了模型对土壤体积含水率模拟有着较好的表现。

(3)1998 年 6 月 28 日~7 月 4 日,黄泥庄流域平均降水量 156.4mm,同期梅山水文站实测雨量为 165mm,两者雨量相当,但土壤含水量计算值为 32.60%,实测值为 29.36%,计算值大于实测值 3.24%,最大一日 1998 年 7 月 3 日计算值高出实测值 5.22%,如图中实线方框所示。在此次降水过程中,西河雨量站实测降水量为 268.0mm,为此次降水过程中降水量最大区域,禅堂雨量站次之,为 207.0mm,其他雨量站降水量均在 120.0mm 左右。西河雨量站高程 440m,为流域内第二高雨量站,禅堂雨量站高程 260m,为流域内第五高雨量站,二者控制降水面积约占流域总面积的 1/4。如果一次降水过程中,大部分降水落在流域内高程较低处、坡脚处或河道上,则其很快以蓄满产流或直接径流形式汇入河道,从而很快流出流域出口。从 1998 年 6 月 28 日~7 月 4 日降水过程的降水分布、西河站和禅堂站高程以及两站控制面积可知,此次降水分布不均匀,且大部分降水落在流域内高程较高的山坡上,这为降水的充分下渗以及土壤充分吸收水分提供了条件,从而使得流域平均含水量大幅提高。这也是降雨量相当时,黄泥庄流域平均土壤含水量计算值高于梅山水文站土壤含水量实测值的原因,很好地表明了模型对真实水文循环过程的再现能力。

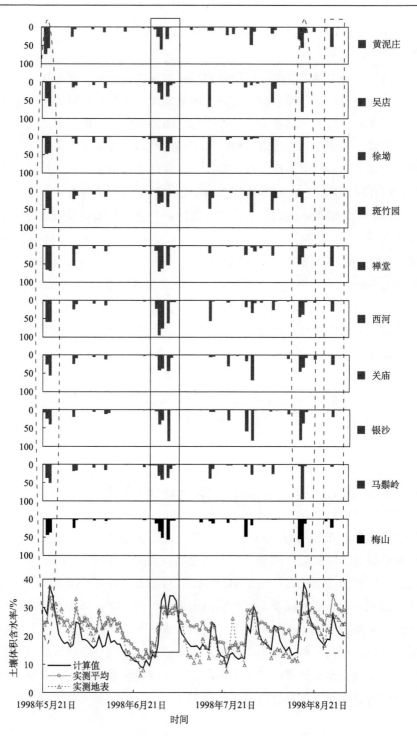

图 5.14　1998 年黄泥庄流域土壤含水量计算值与梅山站实测值比较

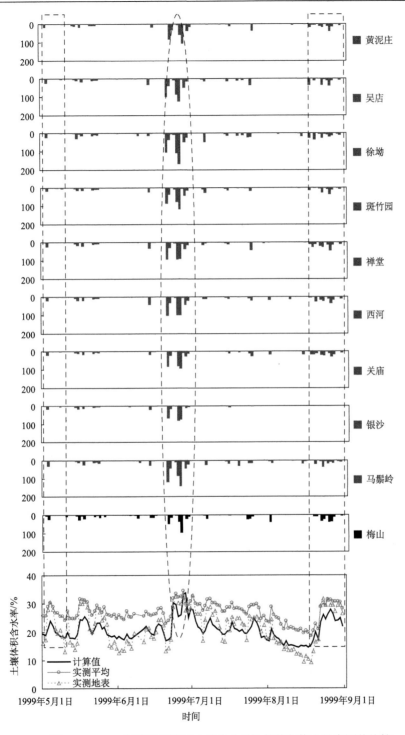

图 5.15　1999 年黄泥庄流域土壤含水量计算值与梅山站实测值比较

　　综合以上三点分析可知，代表性单元流域水文模型对真实水文循环过程有着较强的再现能力，对土壤含水量的模拟有着较好的表现，为进一步检验分析其在日径流过程和洪水过程中的表现提供了有力支持。

5.4　日径流过程应用检验

　　采用代表性单元流域水文模型对黄泥庄流域 1980～1987 年及 2001～2005 年的日径流过程进行模拟。

5.4.1　参数率定

　　代表性单元流域水文模型共有 12 个参数，理论上可以通过实测水文气象资料、植被资料和土壤资料进行确定，如表 3.6 所示。但实际情况下，很多资料暂无实测数据，如重力水和毛管水的含量及流速、非饱和区的实际水力传导度、坡面流相关水力特性等，这使得代表性单元流域水文模型中的参数难以确定。资料缺失导致模型难以在实际流域中应用或应用效果不佳，这也是很多物理机制分布式水文模型所共同面临的一个难题。由于实测资料有限，同时代表性单元流域水文模型的应用不仅仅局限于资料翔实的试验流域，也能够应用于一般天然流域，本书对模型中的 12 个参数将采用率定的方法来确定其取值。通过翔实的实测资料来确定参数精确值的方法留待将来进一步研究。

　　根据地形资料，黄泥庄流域被划分为 9 个代表性单元流域，如图 5.16 所示。由于代表性单元流域之间的地理位置、植被类型、土壤类型和地形地貌各不相同，因而代表性单元流域之间的参数也不尽相同。黄泥庄流域从 20 世纪 70 年代末到 2006 年受人类活动影响小，未有剧烈变化，本书将 1980～1987 年作为模型的率定期，2001～2005 年作为模型的验证期，使用确定性系数 DC 和径流深相对误差作为率定参数的目标函数。各代表性单元流域的参数率定值见表 5.5。图 5.17 和图 5.18 分别为黄泥庄水文站率定期、验证期的实测日径流过程与代表性单元流域水文模型计算的日径流过程比较图。

5.4.2　日径流模拟结果分析

　　由于新安江三水源模型已在黄泥庄流域取得较为成功的应用[125-127]，本书将代表性单元流域水文模型计算结果同时与实测日径流过程和新安江三水源模型模拟日径流过程进行比较，在检验代表性单元流域水文模型表现的同时，对概念性水文模型与物理性水文模型作一对照。

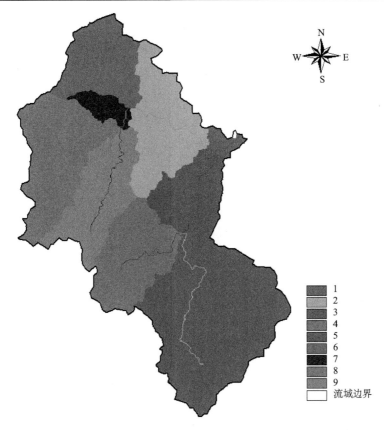

图 5.16　黄泥庄流域代表性单元流域划分及编号

表 5.5　代表性单元流域水文模型参数率定值

参数		各代表性单元流域								
		1	2	3	4	5	6	7	8	9
地下水回灌提升系数	α^{us}	6.54	6.54	6.54	6.54	6.38	5.77	6.54	6.02	6.54
与 u 区水力传导度空间分布相关的尺度系数	α^{cu}	1.00	1.00	1.00	1.00	0.96	0.82	1.00	0.94	1.00
u 区蒸散发系数	α^{u}_{wg}	152	152	152	152	138	121	144	129	152
饱和坡面流产流系数	α^{or}	1.55	1.46	1.38	1.31	1.28	1.26	1.33	1.26	1.31
超渗坡面流产流系数	α^{co}	1.30	1.31	1.32	1.35	1.42	1.45	1.37	1.45	1.35
渗流系数	α^{so}_{1}	0.03	0.4	0.04	0.08	0.12	0.14	0.09	0.12	0.08
	α^{so}_{2}	0.83	0.87	0.88	1.00	1.33	1.52	0.96	1.33	1.00
	α^{so}_{3}	0.08	0.12	0.10	0.13	0.56	0.66	0.13	0.56	0.13

续表

参数		各代表性单元流域								
		1	2	3	4	5	6	7	8	9
o 区相对面积计算系数	$\beta_1^{\omega o}$	8.20	8.80	8.95	10.5	10.5	10.5	9.32	10.5	10.5
	$\beta_2^{\omega o}$	1.80	1.96	2.12	2.34	2.34	2.34	2.27	2.34	2.34
	$\beta_3^{\omega o}$	15.8	15.9	15.9	16.0	16.0	16.0	16.0	16.0	16.0
与毛管作用相关的系数	$\beta^{\overline{K^u}}$	0.33	0.33	0.33	0.33	0.53	0.62	0.33	0.46	0.33

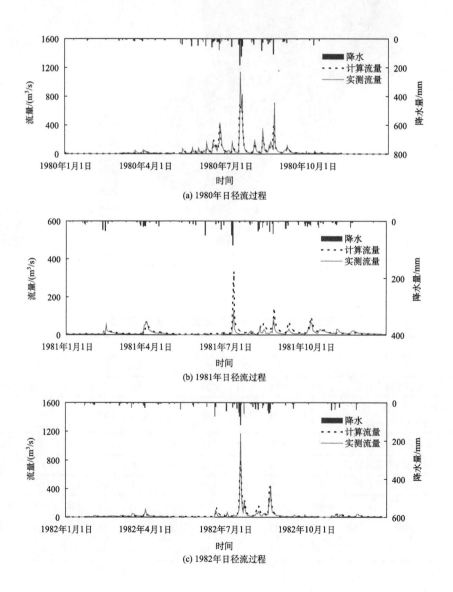

(a) 1980年日径流过程

(b) 1981年日径流过程

(c) 1982年日径流过程

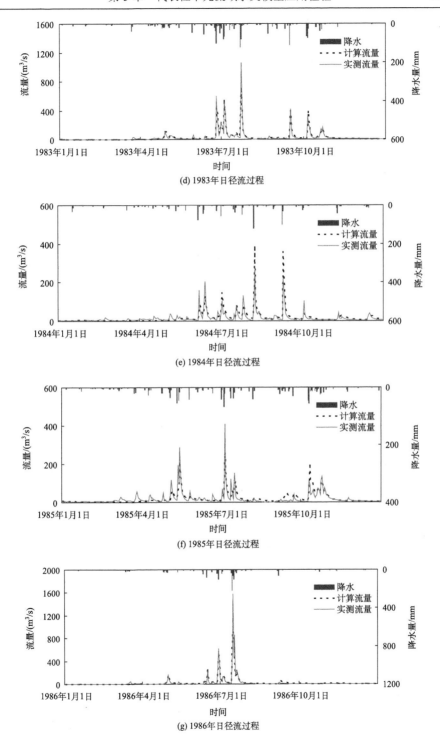

(d) 1983年日径流过程

(e) 1984年日径流过程

(f) 1985年日径流过程

(g) 1986年日径流过程

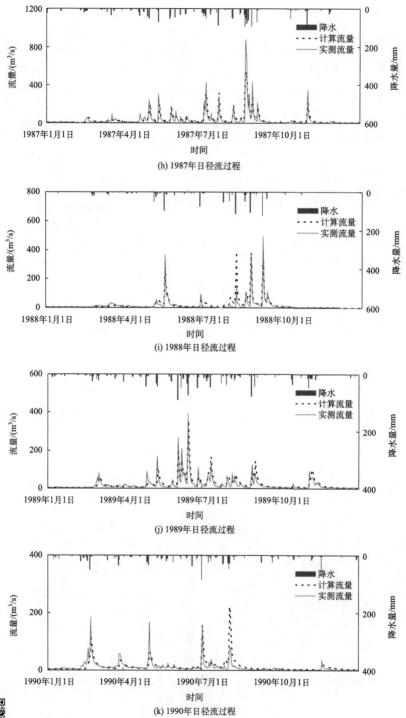

图 5.17　率定期实测日径流过程与计算日径流过程比较

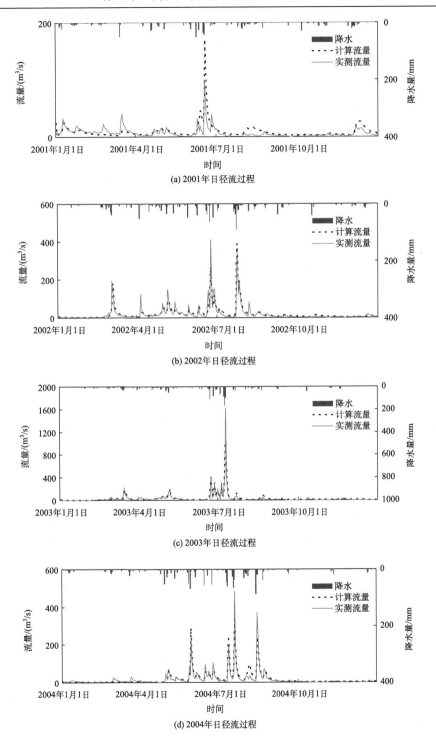

(a) 2001年日径流过程

(b) 2002年日径流过程

(c) 2003年日径流过程

(d) 2004年日径流过程

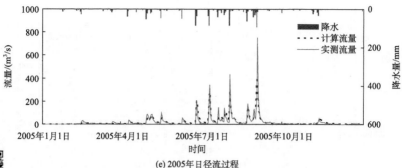

图 5.18　验证期实测日径流过程与计算日径流过程比较

表 5.6 为两模型模拟精度比较。率定期内代表性单元流域水文模型的确定性系数平均值为 0.758，新安江三水源模型为 0.814，两模型各年径流深模拟相对误差都在±20%以内，总体上率定期内的模拟精度较高且新安江三水源模型优于代表性单元流域水文模型；验证期的径流模拟精度基本满意，代表性单元流域水文模型的确定性系数平均值为 0.751，新安江三水源模型为 0.800，各年径流深模拟相对误差仍在±20%以内。一般而言，模型在率定期有较好的表现，说明模型本身结构合理、模型对研究区域适用以及模型参数率定正确，反之亦然。日径流过程模拟结果再次说明代表性单元流域水文模型建模思路正确，模型结构合理，能够基本再现黄泥庄流域的水文过程，日径流再现能力方面稍差于新安江三水源模型。两模型在 2001 年模拟精度较低，经分析原因如下：

（1）在率定期（1980~1990 年）的 11 年中，8 年的年降水量都超过了 1400mm，属于丰水年，其中 1987 年年降水量达 2136mm。利用 1980~1990 年实测径流资料率定的水文模型参数很大程度上反映了黄泥庄流域丰水年的水文情势，而 2001 年为率定期和验证期共 16 年中降水量最少年份，仅 907.0mm，属于枯水年，采用反映丰水年水文情势的水文参数计算枯水年径流过程很可能会产生较大的误差，从两模型 1981 年的模拟效果也可以看出该组参数对枯水年径流过程模拟的影响。因此今后要尽可能延长率定期内实测径流资料的年限，使之包括丰水年、平水年和枯水年的径流资料，从而减少参数率定的不确定性。

（2）通常枯水年人类活动比较频繁，实测流量系列已受人类水资源开发利用的干扰，如河道取水活动等，这就降低了实测资料反映天然流域水文特征的可靠性，从而增大了模型计算的误差。因此今后要将模型应用于更多的流域，利用更多的实测资料来检验模型的可靠性、实用性和模拟效果。

如表 5.6 所示，代表性单元流域水文模型对 1983 年日径流过程模拟结果的确定性系数高于新安江三水源模型，高出 0.079；两模型对 1981 年、1987 年、1989 年、2002 年和 2004 年日径流过程模拟结果的确定性系数相当；其他年份代表性单元流域水文模型模拟结果的确定性系数低于新安江三水源模型 0.051～0.123，经分析可能原因如下：

表 5.6　代表性单元流域水文模型与新安江三水源模型日径流过程模拟精度比较

时期	年份	代表性单元流域水文模型		新安江三水源模型	
		确定性系数	径流深相对误差/%	确定性系数	径流深相对误差/%
率定期	1980	0.817	−2.5	0.935	−2.4
	1981	0.629	19.6	0.670	−1.2
	1982	0.810	−8.2	0.861	3.6
	1983	0.879	−7.9	0.800	7.5
	1984	0.720	14.9	0.785	−3.8
	1985	0.701	−4.7	0.810	2.3
	1986	0.795	−6.8	0.885	−2.2
	1987	0.810	−6.1	0.779	0.0
	1988	0.718	7.5	0.841	2.0
	1989	0.738	−6.2	0.779	4.5
	1990	0.724	9.7	0.814	−6.9
验证期	2001	0.538	18.0	0.593	−11.4
	2002	0.829	−6.4	0.856	1.2
	2003	0.762	−10.0	0.820	10.9
	2004	0.853	8.5	0.852	1.0
	2005	0.775	−4.8	0.878	−5.9

（1）模型输入的不确定性。对实际水文过程模拟的好坏不仅取决于模型本身，也取决于模型输入以及模型参数。代表性单元流域水文模型是一个物理机制的分布式模型，模型输入量众多，除降水和蒸发以外，还有土地覆被、土壤类型等方面的其他输入，模型模拟精度的高低也取决于这些输入元素的精度。由于目前无法获得每一项更为精确的输入，因此每一项输入的不确定性都将影响到模拟结果的好坏。新安江三水源模型是一个集总式模型，模型输入为降水和蒸发，其模拟结果对输入精度的依赖性小于代表性单元流域水文模型。随着未来模型输入精度的提高，代表性单元流域水文模型的模拟结果必然会提高。

（2）模型参数的不确定性。如前所述，模型参数是影响模型模拟结果好坏的又一原因。代表性单元流域水文模型参数较多，由于缺少相关的观测实验，目前模型的参数值通过试错法来率定，其取值具有一定的主观性和"异参同效"性，从而增加了模拟的不确定性。对新安江三水源模型参数取值相关方面的研究已较为成熟，参数取值范围确定，参数取值方法明确。代表性单元流域水文模型参数取值的方法步骤和不确定性分析是下一步急待解决的问题。随着测量技术的发展和地理信息系统的进一步完善，代表性单元流域水文模型的参数取值必然会更加合理，这对模型模拟结果精确性的提高是有利的。

（3）模型结构的不确定性。代表性单元流域水文模型实质为一组由常微分方程和代数方程相耦合的方程组，模型计算过程就是方程组的逐步求解过程。在这一过程中，方程组的"刚性"问题是带来模型结构不确定性的主要"隐患"。新安江三水源模型的计算过程为一显式计算过程，稳定性方面优于代表性单元流域水文模型。降低代表性单元流域水文模型求解时对初值及边值的敏感性是降低模型结构不确定性的重要方法，这是下一步研究的主要内容之一。

5.5 洪水过程应用检验

本书采用代表性单元流域水文模型对黄泥庄流域 1981～1987 年 12 场洪水过程进行模拟。表 5.7 列出了黄泥庄流域黄泥庄站次洪水过程模拟结果。

表 5.7 代表性单元流域水文模型黄泥庄站次洪水过程模拟结果

洪号	洪峰流量			峰现时差/h	径流深			确定性系数
	实测/(m³/s)	计算/(m³/s)	误差/%		实测/mm	计算/mm	误差/%	
800716	963	937	−3.7	4	178.7	196.0	9.7	0.857
800719	3130	3168	1.2	−1	181.6	180.5	−0.6	0.804
	1690	1669	−1.2	1				
	1650	1687	2.2	0				
800824	1840	1939	5.4	3	99.2	85.9	−13.4	0.707
820717	4130	3913	−5.3	−2	210.3	217.6	3.5	0.864
820819	490	469	− 4.3	5	136.3	142.6	4.6	0.761
830624	658	681	3.5	0	116.8	119.6	2.4	0.814
	883	935	5.9	0				
	1350	1347	− 0.2	0				
830703	993	1011	1.8	3	124.8	122.0	−2.2	0.814

洪号	洪峰流量			峰现时差/h	径流深			确定性系数
	实测/(m³/s)	计算/(m³/s)	误差/%		实测/mm	计算/mm	误差/%	
830722	705	794	12.6	0	184.5	198.6	7.6	0.879
	2390	2501	4.6	0				
	551	620	12.5	5				
850705	1100	944	−14.2	1	72.1	67.1	− 6.9	0.749
860715	1770	1683	− 4.9	2	466.9	489.0	4.7	0.901
870820	2360	2305	−2.3	0	203.2	201.4	− 0.9	0.810
	2290	2337	2.1	0				
	2140	2085	−2.6	0				
	1410	1348	− 4.4	2				
	1960	1917	−2.2	−1				
	1930	1919	− 0.6	1				
870828	925	871	−5.8	2	70.9	63.4	−10.6	0.730

注：800824 次洪水、820717 次洪水、850705 次洪水和 870828 次洪水为单峰洪水，其余洪水均为复式洪水；峰现时差为负表示洪峰提前，为正表示洪峰滞后。

如表 5.7 所示，用于检验模型的 12 场洪水径流深相对误差均在 ±20% 以内，其中 10 场在 ±10% 以内；12 场洪水的洪峰流量相对误差均在 ±20% 以内，其中 10 场在 ±10% 以内；9 场洪水的峰现时差在 ±3h 以内；所有场次洪水的确定性系数均大于 0.70，其中大于 0.80 的有 8 场，大于 0.90 的有 1 场。总体上，代表性单元流域水文模型能够基本再现黄泥庄流域的洪水过程。

部分场次洪水模拟欠佳，造成误差的原因可能是：除日模率定的 12 个参数外，代表性单元流域水文模型中还包含了一些基本系数和特征值，如糙率等，这些数据来自于相关文献，如文献[105]和文献[106]，缺乏实地测试。同时，在对模型进行计算时，非饱和子区和饱和子区的土壤孔隙度，蓄满产流子区、超渗产流子区和主河道子区的糙率等特征值均根据土壤类型和植被类型取为定值，一定程度上与这些特征值的空间差异性不相符。建议在具有详尽资料的区域结合地理信息系统对模型中的特征值进行精确取值，从而对模型进行进一步检验，以期提高模型模拟精度。

洪水过程模拟中，有 4 场洪水模拟的误差略大：800824 次、820819 次、850705 次和 870828 次，4 场洪水中有 3 场洪水属于汛期末洪水。由于汛期末河道大断面受该年洪水作用，其断面形状已发生变化，由于缺乏实时大断面实测资料，这 3

场洪水中断面资料依旧参照汛期前实测资料进行输入，这可能是造成这 3 场洪水模拟误差较大的原因。1985 年汛期前未进行大断面测量，850705 次洪水的大断面资料采用 1984 年汛期后实测大断面资料，而 1985 年 5 月发生过洪水，因而断面资料的误差也可能是 850705 次洪水模拟效果较差的原因。如果能够获得洪水发生前的大断面精确实测资料，无疑模型对洪水的模拟精度将得到提高。图 5.19 为黄泥庄流域黄泥庄站 860715 次洪水计算流量过程与实测流量过程。

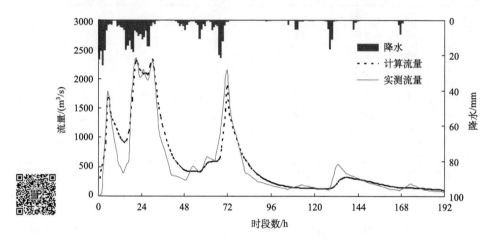

图 5.19　黄泥庄流域黄泥庄站 860715 次洪水计算流量过程与实测流量过程

第 6 章　总结与建议

谁控制了全球尺度模型的未来，谁就控制了水文学的未来。

——*Peter Eagleson, 1986*

为了加强分布式水文模型的物理机制研究，协调物理机制分布式水文模型中方程适用尺度和模型应用尺度，本书在代表性单元流域这一全新的流域空间离散化方法基础上，将热力学系统方法融入水文学建模方法中，归纳和建立了若干流域水文本构关系，通过学习、继承和创新，构建了基于宏观尺度微分方程的代表性单元流域水文模型——BREW 模型，根据模型在不同初始条件和边界条件下较为合理、稳定的测试结果以及模型应用于天然流域时所表现出较强的再现能力，认为模型能够应用于水文模拟研究，满足进一步探讨水文循环过程及水文机理研究的需要。

本书成果主要有以下几个方面：

（1）介绍了基于热力学系统构建水文模型这一全新思路，概述了代表性单元流域水文模型的空间离散单元——代表性单元流域的概念，具体化了代表性单元流域的划分方法。对于代表性单元流域五子区划分法及其包含的变量，给出了系统性的详细定义，并给出了物理量由微观尺度推导至宏观尺度的时空均化方法。

（2）分析了传统物理机制水文模型中存在的问题，尤其是尺度问题。将连续介质力学中描述物理量守恒的微观尺度方程推导至宏观尺度，并具体化到代表性单元流域各个子区的不同物理量上，构成了一组宏观尺度下反映流域各个物理量守恒性质的方程组。利用热力学第二定律等物理定理以及一些合理假设简化了方程组及其中的变量，最终给出了构建代表性单元流域水文模型的基本方程。

（3）定义了"流域水文本构关系"这一概念，归纳和建立了若干宏观尺度下反映流域特性的本构关系。将这些本构关系与基本方程进行耦合，构建了代表性单元流域水文模型。

（4）采用四阶变步长 Runge-Kutta 法对模型中的常微分方程进行数值求解，在人工给定的假设情形下对模型进行了测试，测试结果说明代表性单元流域水文模型建模思路正确，模型结构合理，求解方法稳定，模型可以应用于实际水文模拟。

（5）将模型应用于一个实际流域，对流域的平均蒸散发能力、土壤含水量、日径流过程以及洪水过程进行模拟。模拟结果表明构建的代表性单元流域水文模型对实际水文过程具有较好的模拟效果、较强的再现能力，是一个进行流域水文模拟的合格工具，能够为水文过程、水文循环及水文机理等相关研究提供服务。

在以上几个方面成果的基础上，本书在以下几方面有所创新：

（1）具体化"代表性单元流域"划分方法，系统性定义了"五子区"，推导了宏观尺度下物理量守恒方程。本书利用数字高程模型对"代表性单元流域"这一抽象概念的流域空间离散单元的离散化给出了具体的操作方法，同时对五子区划分法划分所得子区及其包含的变量进行了系统性定义。本书将微观尺度下物理量守恒方程推导至宏观尺度下物理量守恒方程，推导过程不仅证实了基于宏观尺度构建物理机制分布式水文模型这一方法论的正确性，而且为将来该领域的研究提供了数学支撑；推导的结果在形式上与概念性水文模型有着相似之处，不仅为概念性水文模型提供了有力的理论支撑，在概念性模型和物理性模型之间架起了沟通的桥梁；而且为今后统一概念性水文模型和物理性水文模型的数学表达形式提供了基础和依据。

（2）定义了"流域水文本构关系"的概念，提炼了宏观尺度下反映流域特性的流域水文本构关系。本书归纳了反映宏观尺度下流域特征的一些性质，包括流域几何特征以及质量守恒方程、动量守恒方程中某些项的数学表达。理论上这些性质是流域这一开放热力学系统的本构关系，实质上这些性质是流域这一连续介质载体的力学特性。流域水文本构关系的提出和建立，提升了水文模型"物理机制"研究的意义，为构建水文模型由经验性、工程性研究向理论性、科学性研究转换起到了积极作用。

（3）本书构建了基于代表性单元流域的分布式水文模型，并对该模型进行了测试和检验。测试结果说明该模型具有较好的结构、较稳定的数值性质。检验结果说明该模型能够较好地模拟流域水文响应，在蒸散发能力、土壤含水量、日径流过程以及洪水过程的模拟中，计算值与实测值均保持较好的一致性。在日径流过程模拟时，其模拟结果接近于经典概念性水文模型——新安江三水源模型，这也表明代表性单元流域水文模型构建的思路合理、方法正确。代表性单元流域水文模型的构建为流域水文模拟等相关方面的研究提供了依据。

在开展研究工作的过程中，本书做了大量的理论和实践方面的工作，虽然取得了一定的研究结论和成果，但在如下几个方面仍有可进一步研究之处。

1) 模型本身有待进一步研究

代表性单元流域水文模型中的很多特征值如土壤孔隙度、糙率等具有很强的空间变异性，同时模型的 12 个参数均可以根据实际观测并通过计算获得。由于资料有限，本书中的特征值取值来自文献且对其空间变异性考虑得不甚详细，12 个参数采用率定的方法确定其取值，对其所表达的物理意义没有充分利用。建议今后的研究中可以在具有详尽资料的区域结合地理信息系统对模型中的特征值和参数进行精确取值。

通过设置不同的人工假想情形对模型的下渗量、渗流量和整体表现进行了测试，通过在湿润小流域的应用对模型的表现能力进行了检验。建议今后的研究中可以进一步扩展测试和检验的输入条件，从各个方面对模型进行完整的测试和检验，对模型做出更为客观的评价。

2) 理论方法有待进一步研究

本书在构建模型的基本方程时，假设流域为一等温场，并采用热力学第二定律对方程组进行了简化，使得能量守恒方程和熵平衡方程退化为恒等式。今后可以将温度场分布考虑到基本方程的构建中，通过质量守恒方程和能量守恒方程共同研究蒸散发过程和融雪过程，这样不仅能够使得水文模型的物理机制更强，也使得模型能够模拟更多的循环变量，对水文模型与大气模型及气候类型的耦合提供可能。

本书在建立流域动量守恒方程时，为模型求解计算方便，对方程中的惯性项未作考虑，这是一种常见的简化运动方程的做法。今后研究时，在资料充分及条件允许的情况下，可以将惯性项耦合到方程组中，从而使得模型的计算更为精确。

本书在划分代表性单元流域子区时采用了五子区划分法，五子区是一般流域所具有的普遍性特征。今后的研究中可以根据研究区下垫面特征的特殊性，采用更加符合实际情况的其他划分方法。

流域水文本构关系反映了流域水文响应的本质特征，理论上是流域所具有的共性，且在研究区域上取得了较好的模拟结果。但不同流域的气候类型是不同的，不同流域的空间尺度是变化的，不同流域的形状、下垫面条件、土壤类型更是多种多样的，这就对流域水文本构关系的普适性提出了挑战。探讨不同类型流域水文本构关系的规律性和普适性是今后流域水文本构关系研究的重点，同时对无资料地区的水文预测具有重要意义。

集总式模型和分布式模型、概念性模型和物理性模型，它们都是从不同角度对流域水文模型进行划分的分类方法。各种模型之间并没有明确严格的界限，建立一个结构清晰、参数物理意义明确并且计算效率高的物理性分布式水文模型是未来水文模型研究的主要目标，整合分布式模型与集总式模型、物理性模型与概念性模型的各自优势是进行研制新一代水文模型的有效途径之一。

参 考 文 献

[1] Singh V P, Woolhiser D A. Mathematical modeling of watershed hydrology. Journal of Hydrologic Engineering, 2002, 7(4):270-292.

[2] Sivapalan M. Prediction in ungauged basins: A grand challenge for theoretical hydrology. Hydrological Processes, 2003, 17(15): 3163-3170.

[3] Abbott M B, Bathurst J C, Cunge J A, et al. An introduction to the European Hydrological System—Système Hydrologique Européen, "SHE", 1: History and philosophy of a physically-based, distributed modeling system. Journal of Hydrology, 1986, 87(1-2): 45-59.

[4] Abbott M B, Bathurst J C, Cunge J A, et al. An introduction to the European Hydrological System—Système Hydrologique Européen, "SHE", 2: Structure of a physically-based distributed modeling system. Journal of Hydrology, 1986, 87(1-2): 61-77.

[5] Freeze R A, Harlan R L. Blueprint for a physically-based, digitally-simulated hydrologic response model. Journal of Hydrology, 1969, 9(3): 237-258.

[6] Beven K. Towards an alternative blueprint for a physically based digitally simulated hydrologic response modeling system. Hydrological Processes, 2002, 16(2): 189-206.

[7] 田富强. 流域热力学系统水文模拟理论和方法研究. 北京: 清华大学, 2006.

[8] 芮孝芳, 刘方贵, 邢贞相. 水文学的发展及其所面临的若干前沿科学问题. 水利水电科技进展, 2007, 27(1): 75-79.

[9] 胡和平, 田富强. 物理性流域水文模型研究新进展. 水利学报, 2007, 38(5): 511-517.

[10] Beven K, Feyen J. The future of distributed modeling. Hydrological Processes, 2000, 16(2): 169-172.

[11] 雷志栋, 杨诗秀, 谢森传. 土壤水动力学. 北京: 清华大学出版社, 1988.

[12] Aronica G, Hankin B, Beven K. Uncertainty and equifinality in calibrating distributed roughness coefficients in a flood propagation model with limited data. Advance in Water Resources, 1998, 22(4): 349-365.

[13] Jones A, Anderson M G, Burt T P. Process studies in hillslope hydrology. Transactions of the Institute of British Geographers, 1993, 18(2): 271-272.

[14] Sherman L K. Stream flow from rainfall by the unit-graph method. Engineering News Record, 1932, 108: 501-505.

[15] Philip J R. An infiltration equation with physical significance. Soil Science, 1954, 77(2): 153-158.

[16] Richards L A, Gardner W R, Ogata G. Physical processes determining water loss form soil. Soil Science Society of America Journal, 1956, 20(3): 310-314.

[17] McCarthy G T. The unit hydrograph and flood routing//Proceedings of Conference of North Atlantic Division. US Army Corps of Engineers, 1938: 608-609.

[18] Singh V P. Computer Models of Watershed Hydrology. Colorado: Water Resources Publications, 1995.

[19] Todini E. The ARNO rainfall-runoff model. Journal of Hydrology, 1996, 175(1-4): 339-382.

[20] Natale L, Todini E. A stable estimator for liner models: 1. Theoretical development and Monte Carlo experiments. Water Resources Research, 1976, 12(4): 667-671.

[21] Bergstrom S. The HBV model//Singh V P. Computer Models of Watershed Hydrology. Colorado: Water Resources Publications, 1995.

[22] Hydrologic Engineering Center(HEC). Hydrologic modeling system HEC-HMS users' manual, Version 2. Engineering, US Army Corps of Engineering, Davis Calif, 2000.

[23] Burnash R J C. The NWS river forecast system—catchment modeling//Singh V P. Computer Models of Watershed Hydrology. Colorado: Water Resources Publications, 1995.

[24] Laurenson E M, Mein R G. RORB: Hydrograph synthesis by runoff routing//Singh V P. Computer Models of Watershed Hydrology. Colorado: Water Resources Publications, 1995.

[25] Bicknell B R, Imhoff J L, Kittle J L, et al. Hydrologic simulation program-Fortran. Users' manual for release 10. U. S. EPA Environ Mental Research Laboratory, Athens, Ga. 1993.

[26] Sugawera M. Tank model//Singh V P. Computer Models of Watershed Hydrology. Colorado: Water Resources Publications, 1995.

[27] Todini E. New trends in modelling soil processes from hillslopes to GCM scales//Oliver H R, Oliver S A. The Role of Water and Hydrological Cycle in Global Change. NATO Advanced Study Institute. Series 1: Global, Kluwer Academic, Dordrecht, The Netherlands, 1995.

[28] Beven K J. Topmodel. Computer models of watershed hydrology//Singh V P. Computer Models of Watershed Hydrology. Colorado: Water Resources Publications, 1995.

[29] Quick M C. The UBC watershed model. Computer models of watershed hydrology// Singh V P. Computer Models of Watershed Hydrology. Colorado: Water Resources Publications, 1995.

[30] Dawdy D R, Schaake J C, Alley W M. Users guide for distributed routing rainfall-runoff model. USGS Water Resources Invest. Rep. No. 78-90, Gulf Coast Hydroscience Center, NSTL, Miss, 1978.

[31] Kouwen N. WATFOOD/SPL: Hydrological model and flood forecasting system. Waterloo: University of Waterloo, 2000.

[32] Boyd M J, Rigby E H, Van Drie R. WBNM—a comprehensive flood model for natural and urban catchments//Proceedings 7th Int. Conf. on Urban Drainage, Institution of Engineers, Sydney, Australia, 1996: 329-334.

[33] 赵人俊. 流域水文模拟. 北京: 水利电力出版社, 1984.

[34] 张金存, 芮孝芳. 分布式水文模型构建理论与方法评述. 水科学进展, 2007, 18(2): 286-292.

[35] Freeze R A. Role of subsurface flow in generating surface runoff: 2. Upstream source areas. Water Resources Research, 1972, 8(5): 1272-1283.

[36] Stephenson G R, Freeze R A. Mathematical simulation of subsurface flow contributions to snowmelt runoff, Reynolds Creek Watershed, Idaho. Water Resources Research, 1974, 10(2): 284-298.

[37] Calver A, Wood W L. The institute of hydrolgoy distributed model. Computer models of

watershed hydrology//Singh V P. Computer Models of Watershed Hydrology. 1995.

[38] Grayson R B, Biöschl G, Moore I D. Distributed parameter hydrologic modeling using vector elevation data: THALES and TAPES-c. Computer models of watershed hydrology// Singh V P. Computer Models of Watershed Hydrology. Colorado: Water Resources Publications, Colorado: Water Resources Publications, 1995.

[39] Vertessy R A, Hatton T J, O'Shaughenessy P J, et al. Predicting water yield from a mountain ash forest catchment using a terrain analysis based catchment model. Journal of Hydrology, 1993, 150(2-4): 665-700.

[40] Zhang L, Dawes W R, Hatton T J, et al. Estimation of soil moisture and groundwater recharge using the TOPOG-IRM model. Water Resourcs Research, 1999, 35(1): 149-161.

[41] Beven K. Prophecy, reality and uncertainty in distributed hydrological modeling. Adv. Water Resour., 1993, 16(1): 41-51.

[42] Arnold J G, Srinivasan R, Muttiah R S, et al. Large area hydrologic modeling and assessment Part I: model development. Water Resour. Assoc., 1998, 34(1): 73-89.

[43] Yang D, Herath S, Musiake K. A hillslope-based hydrological model using catchment area and width functions. Hydrol. Sci. J., 2002, 47(1): 49-65.

[44] Yang D, Oki T, Herath S, et al. A geomorphology-based hydrological model and its applications. Mathematical Models of Small Watershed Hydrology and Applications. Littleton, Colorado: Water Resources Publications, 2002: 259-300.

[45] 王蕾, 倪广恒, 胡和平. 沁河流域地表水与地下水转换的数值模拟. 清华大学学报(自然科学版), 2006, 46(12): 1978-1981.

[46] 任立良. 流域水文物理过程的数字模型研究. 南京: 河海大学, 1999.

[47] 袁飞. 考虑植被影响的水文过程模拟研究. 南京: 河海大学, 2006.

[48] 石朋. 网格型松散结构分布式水文模型及地貌瞬时单位线研究. 南京: 河海大学, 2006.

[49] Vivoni E R, Ivanov V Y, Bras R L, et al. On the effects of triangulated terrain resolution on distributed hydrologic model response. Hydrolological Processes, 2005, 19(11): 2101-2122.

[50] 王蕾. 基于不规则三角形网格的物理性流域水文模型研究. 北京: 清华大学, 2006.

[51] Qu Y Z. An integrated hydrologic model for multi-process simulation using semi-discrete finite volume approach. Pennsylvania: The Pennsylvania State University, 2005.

[52] Kavvas M L, Chen Z Q, Dogrul C, et al. Watershed environmental hydrology(WEHY) model based on upscaled conservation equations: Hydrologic module. Journal of Hydrological Engineering, 2004, 9(6): 450-464.

[53] Chen Z Q, Kavvas M L, Fukami K, et al. Watershed environmental hydrology(WEHY) model: Model application. Journal of Hydrological Engineering, 2004, 9(6): 480-490.

[54] Reggiani P, Sivapalan M, Hassanizadeh S M. A unifying framework for watershed thermodynamics: Balance equations for mass, momentum, energy and entropy, and the second law of thermodynamics. Advance in Water Resources, 1998, 22(4): 367-398.

[55] Reggiani P, Hassanizadeh S M, Sivapalan M, et al. A unifying framework for watershed thermodynamics: Constitutive relationships. Advance in Water Resources, 1999, 23(1): 15-39.

[56] Lee H, Zehe E, Sivapalan M. Predictions of rainfall-runoff response and soil moisture dynamics

in a microscale catchment using the CREW model. Hydrology and Earth System Science, 2007, 11: 819-849.

[57] Lee H, Sivapalan M, Zehe E. Representative elementary watershed(REW) approach: A new blueprint for distributed hydrological modelling at the catchment scale//Physically Based Models of River Runoff and Their Application to Unganged Basins. Newcastle-upon-Tyne, UK: NATO Advanced Research Workshop, 2005.

[58] Tian F, Hu H, Lei M, et al. Extension of the Representative Elementary Watershed approach for cold regions via explicit treatment of energy related processes. Hydrology and Earth System Science, 2006, 10(5): 619-644.

[59] Reggiani P, Rientjes T H M. Flux parameterization in the representative elementary watershed approach: Application to a natural basin. Water Resources Research, 2005, 41(4): 1-18.

[60] Zhang G P, Savenije H H G, Fenicia F, et al. Modelling subsurface storm flow with the Representative Elementary Watershed(REW) approach: Application to the Alzette River Basin. Hydrology and Earth System Sciences Discussions, 2006, 10(6): 937-955.

[61] Wood E F, Sivapalan M, Beven K J, et al. Effects of spatial variability and scale with implications to hydrological modelling. Journal of Hydrology, 1988, 102(1-4): 29-47.

[62] Wood E F. Scaling behaviour of hydrological fluxes and variables: Empirical studies using a hydrological model and remote sensing data. Hydrological Processes, 1995, 9(3-4): 331-346.

[63] Blöschl G, Sivapalan M. Scale issues in hydrological modelling: A review. Hydrological Processes, 1995, 9(3-4):251-290.

[64] Kouwen N. WATFLOOD: A micro-computer based flood forecasting system based on real-time weather radar. Canadian Water Rescourses Journal, 1988, 13(1): 62-77.

[65] Kite G W, Pietroniro A. Remote sensing applications in hydrological modelling. Hydrological Sciences Journal, 1996, 41(4): 563-591.

[66] Schumann A H, Funke R, Schultz G A. Application of a geographic information system for conceptual rainfall-runoff modelling. Journal of Hydrology, 240(1-2): 45-61.

[67] Schultz G A. Remote sensing applications to hydrology: Runoff. Hydrological Sciences Journal, 1996, 41(4): 453-475.

[68] Hassanizadeh M, Gray W G. General conservation equations for multiphase systems: 1. Averaging procedure. Adv. Water Resour., 1979, 2: 131-144.

[69] Hassanizadeh M, Gray W G. General conservation equations for multiphase systems: 2. Mass, momentum, energy and entropy equations. Adv. Water Resour., 1979, 2: 191-203.

[70] Hassanizadeh M, Gray W G. General conservation equations for multiphase systems: 3. Constitutive theory for porous media flow. Adv. Water Resour., 1980, 3: 25-40.

[71] Rodriguez- Iturbe I, Rinaldo A. Fractal River Basins: Chance and Self-Organization. New York: Cambridge University Press, 2001.

[72] Horton R E. The role of infiltration in the hydrological cycle. Trans. Am. Geophys. Union., 1933, 14(1): 446-460.

[73] Horton R E. Hydrologic interrelation of water and soils. Proc. Soil. Sci. Soc. Am. , 1937, 1: 401-429.

[74] Horton R E, Liech H R, Van Vliet R. Laminar sheet flow//Trans. Am. Geophys. Union, 15th Annual Meeting, Washington DC, 1934: 393-404.

[75] Hewlett J D, Hibbert A R. Factors affecting the response of small watersheds to precipitation in humid areas//Sopper W E, Lull H W. Forest Hydrology. Oxford: Pergamon Press, 1967: 275-290.

[76] Dunne T. Field studies of hillslope flow processes//Kirkby M J. Hillslope Hydrology. Chichester, UK: Wiley, 1978: 227-293.

[77] Chorley R J. The hillslope hydrological cycle//Kirkby M J, Hillslope Hydrology. Chichester UK: Wiley, 1978: 1-42.

[78] Beven K J, Kirkby M J. A physically based, variable contributing area model of basin hydrology. Hydrological Sciences Bullentin, 1979, 24(1): 43-69.

[79] Eringen A C. Mechanics of Continua. 2nd ed. New York: Robert E. Krieger Publ. Co, 1980.

[80] Lee H, Sivapalan M, Zehe E. Representative Elementary Watershed(REW)approach, a new blueprint for distributed hydrologic modeling at the catchment scale: The development of closure relations//Predicting Ungauged Streamflows in the Mackenzie River Basin: Today's Techniques and Tomorrow's Solutions. Ottawa, Canada: Canadian Water Resources Association(CWRA), 2005: 165-218.

[81] Dagan G. Flow and Transport in Porous Formations. New York: Springer-Verlag, 1989.

[82] Attinger S. Generalized coarse graining procedures for flow in porous media. Comp. Geosci. 2003, 7(4): 253-273.

[83] Lunati I, Attinger S, Kinzelbach W. Macrodispersivity for transport in arbitrary nonuniform flow fields: Asymptotic and pre-asymptotic results. Water Resour. Res. , 2002, 38(10): 1187-1203.

[84] Mou L, Tian F, Hu H, et al. Extension of the Representative Elementary Watershed approach for cold regions: Constitutive relationships and an application. Hydrology and Earth System Sciences Discussions, 2007, 4: 3627-3686.

[85] Sivapalan M, Woods R A, Kalma J D. Variable bucket representation of TOPMODEL and investigation of the effects of rainfall heterogeneity. Hydrological Processes, 1997, 11(9): 1307-1330.

[86] Sivapalan M, Beven K J, Wood E F. On hydrologic similarity: 2. A scaled model of storm runoff production. Water Resources Research, 1987, 23(12): 2266-2278.

[87] Bresler E, Dagan G. Unsaturated flow in spatially variable fields: 2. Application of water flow models to various fields. Water Resources Research, 1983, 19(2): 421-428.

[88] Rogers A D. The development of a simple infiltration capacity equation for spatially variable soils. Perth: The University of Western Australia, 1992.

[89] Shuttleworth W J. Evaporation//Maidment D R. Handbook of Hydrology. New York: McGraw-Hill, 1993.

[90] Shuttleworth W J, Wallace J S. Evaporation from sparse crops-an energy combination theory. Quarterly Journal of the Royal Meteorological Society, 1985, 111(469): 839-855.

[91] Shuttleworth W J, Gurney R J. The theoretical relationship between foliage temperature and canopy resistance in sparse crops. Quarterly Journal of the Royal Meteorological Society, 1990,

116(492): 497-519.

[92] Penman H L. Natural evaporation from open water, bare soil and grass. Proceedings of the Royal Society of London, 1948, 193(1032): 120-145.

[93] Penman H L. Estimating evaporation. Eos, Transaction of American Geophysical Union, 1956, 37(1): 43-50.

[94] Penman H L. Vegetation and Hydrology//Technical Comunication No.53. England: Common Bureau of Soils, Harpenden, 1963.

[95] Monteith J L. Evaporation and environment. Symposium of the Society for Experimental Biology, 1965, 19: 205-234.

[96] Choudhury B J, Monteith J L. A four-layer model for the heat budget of homogeneous land surfaces. Quarterly Journal of the Royal Meteorological Society, 1988, 114(480): 373-398.

[97] Eagleson P S. Climate, soil and vegetation: 1. Introduction to water balance dynamics. Water Resources Research, 1978, 14(5): 705-712.

[98] Eagleson P S. Climate, soil and vegetation: 2. The distribution of annual precipitation derived from observed storm sequences. Water Resources Research, 1978, 14(5): 713-721.

[99] Eagleson P S. Climate, soil and vegetation: 3. A simplified model of soil moisture movement in the liquid phase. Water Resources Research, 1978, 14(5): 722-730.

[100] Eagleson P S. Climate, soil and vegetation: 4. The expected value of annual evapotranspiration. Water Resources Research, 1978, 14(5): 731-739.

[101] Eagleson P S. Climate, soil and vegetation: 5. A derived distribution of storm surface runoff. Water Resources Research, 1978, 14(5): 741-748.

[102] Eagleson P S, Climate, soil and vegetation: 6. Dynamics of the annual water balance. Water Resources Research, 1978, 14(5): 749-764.

[103] Eagleson P S, Climate, soil and vegetation: 7. A derived distribution of annual water yield. Water Resources Research, 1978, 14(5): 765-776.

[104] 李庆扬, 王能超, 易大义. 数值分析. 4 版. 北京: 清华大学出版社, 2001.

[105] Bras R L. Hydrology: An Introduction to Hydrologic Science. New Jersey: Addison-Wesley-Longman Press, 1989.

[106] Chow V T, Maidment D R, Mays L W. Applied Hydrology. New York: McGraw-Hill Press, 1988.

[107] Freer J, McDonnell J J, Beven K J, et al. The role of bedrock topography on subsurface storm flow. Water Resources Research, 2002, 38(12): 1269.

[108] Kirchner J W. A double paradox in catchment hydrology and geochemistry. Hydrological Processes, 2003, 17(4): 871-874.

[109] National Aeronautics and Space Administration. [2019-07-30]. https://www.nasa.gov/.

[110] Thiessen A H. Precipitation averages for large areas. Monthly Weather Review, 1911, 39(7): 1082-1084.

[111] Land Data Assimilation System. [2019-07-30]. https://ldas.gsfc.nasa.gov/ldas8th/mapped.veg/ldasmapveg.shtml.

[112] Vieux B E. Distributed Hydrologic Modeling Using GIS. Dordrecht, Netherlands: Kluwer

Academic Publishers, 2001.

[113] Food and Agriculture Organization of the United Nations. Soil map of the world, scale 1: 5, 000, 000, volumes I-X, United Nations Educational, Scientific, and Cultural Organization. Paris: Food and Agriculture Organization of the United Nations, 1978.

[114] Rawls W L, Ahuja L R, Brakensiek D L, et al. Infiltration and soil water Movement//Maidment D R. Handbook of Hydrology. New York: McGraw-Hill Inc, 1993.

[115] The Variable Infiltration Capacity (VIC) Macroscale Hydrologic Model. [2019-07-30]. https://github.com/UW-Hydro/VIC.

[116] Melesse A M. Spatially distributed storm runoff modelling using remote sensing and geographic information systems. Florida: University of Florida, 2002.

[117] High-resolution gridded datasets (and derived products). [2019-07-30]. https://crudata.uea.ac.uk/ cru/data/hrg/.

[118] Smith R C G, Choudhury B J. Analysis of normalized difference and surface temperature observations over southeastern Australia. International Journal of Remote Sensing, 1991, 12(10): 2021-2044.

[119] Chen J M, Cihlar J. Retrieving leaf area index of boreal conifer forests using Landsat TM Images. Remote Sensing of Environment, 1996, 55(2): 153-162.

[120] 方秀琴. 黑河流域 LAI 遥感制图及其尺度转换探讨. 南京: 南京大学, 2004.

[121] Tucker C J, Sellers P J. Satellite remote sensing of primary production. International Journal of Remote Sensing, 1986, 7(11): 1395-1416.

[122] Berrien M. International Geosphere Biosphere Programme: A study of global change, some reflections. Global Change Newsletter, 1999, 40: 1-3.

[123] 叶笃正. 关于全球变化的若干科学问题//国家自然科学基金委员会, 等. 现代大气科学前沿与展望. 北京: 气象出版社, 1996: 17-22.

[124] 任立良, 刘新仁, 郝振饨. 基于 HUBEX 试验资料的土壤水时空分布模拟. 水文, 2000, 20(5): 1-5.

[125] 许钦, 任立良, 杨邦, 等. BTOPMC 模型与新安江模型在史河上游的应用比较研究. 水文, 2008, 28(2): 23-25.

[126] 许钦, 任立良, 刘九夫, 等. 基于 DEM 的入库洪水预报模型研究及系统开发. 岩土工程学报, 2008, 30(11): 1748-1751.

[127] Xu Q, Chen X, Bi J, et al. Simulating hydrological responses with a physically based model in a mountainous watershed. Proceedings of the International Association of Hydrological Sciences, 2015, 370: 153-159.